SQ選書
02

左遷を楽しむ

日本道路公団四国支社の一年

片桐幸雄
KATAGIRI Sachio

社会評論社

左遷を楽しむ◎目次

目次

はじめに——カミさんの涙

もう十年以上も前の二〇〇三年のことになるが、四国高松へ左遷させられたことがある。理由は単純である。自分を雇ってくれている組織の長の意に反する行動をしたからである。当時私は、日本道路公団に勤務していた。そして道路公団の権力は総裁の藤井治芳さんの手にあった。その藤井さんの怒りを買った。あとでまた少し触れることになるが、私は、前年（二〇〇二年）の六月に発足した道路関係四公団民営化推進委員会（民営化委員会）の事務局に次長として出向した。この委員会は当時の小泉首相が「小泉劇場」のメインステージとして作ったものである。ここに出向するにはいろいろな経緯があったのだが、ともかく私は「高速道路は私物として民営化すべきだ」と考えていた。一方、藤井さんは「道路は国のもの」という信念をもっていた。藤井さんからすれば、民営化委員会事務局での私の仕事のやり口は「高速道路私物化論者の手先」ということになり、二〇〇三年の一月に道路公団に復帰した私を「東京に置いておくな」ということになり、高松に飛ばされた。

もっとも左遷という言葉から連想されるような暗い日々を過ごした記憶はない。ゆっくりとした時間の流れの中で生活を楽しんだ。これは時の経過によって記憶が浄化されたことが理由になっているわけではない。それを示すのが、左遷が終わって高松から去る時の出来事である。

私は東京に向かうために高松空港に行った。引越しの手伝いのために一週間前から来ていたカミさんも一緒だった。思いがけないことに、勤務先の若い職員達が空港まで見送りに来てくれた。その数日前から、カミさんは私の高松での暮らしを支えてくれた方々から歓待を受けていたこともあり、最後のこの見送りで感極まったようで、涙ぐんでしまった。

「あなた、本当に良かったわね」

涙を拭きながら小さな声で、何度も自分に言い聞かすように、そう言っていた。

当時のことを知っている知人や関係者にこの話をここまですると、たいていは、次のように言う。

「奥さんも苦しかったんですよ。やっと東京に戻ることができ、これで単身赴任が終わると思って、涙ぐまれたのでしょう」

本当は違うのである。カミさんはこのあとこう続けた。

「あなた、高松に来られて、ここで暮らせて本当に良かったわね」

カミさんはたしかに涙ぐんだ。しかしその涙は、単身赴任が終わると思ってのものではなく、高松の暮らしを経験し、そこで多くの人たちと触れ合えたことを思い出しての涙であった。

私の高松での勤務が左遷によるものだと考えられたことから、多くの関係者は「奥さんもさぞ苦しかったのでしょう」と誤解された。ということは、私もまた高松で苦労したのでないかと誤解されていたということである。高松で暮らしている間、「大変だろうけれど、もう少し頑張れ」と何度も慰労と激励を受けた。そのたびに、「いや、大変じゃありませんよ」と答えたのだが、ほとんどの場合は「無理に我慢しているのだろう」と受け取られたように思う。しかし何を言ってもやせ我慢のように受け止められてしまい、途中から「大変だろう」という質問に対しては、「ええ、でもまあなんとか凌いでますから」と言うことにした。実際は「凌ぐ」あるいは「耐え抜く」ことが必要なようなことはほとんどなく、大変でもなんでもなかったのである。むしろカミさんと同様に、というよりは、たまにしか高松にやってこないカミさんよりはずっと、高松暮らしを楽しんだと言わなければならない。

本当は高松から戻ってすぐにでも、心配していただいた方々に高松暮らしの実態を話して、「大変ではなかった」ことを報告すべきだった。しかし、話せば長くなるし、しばらくは本当のことを言うにも何かと煩わしさが伴う環境にいた。それにあんまり心配を頂いたものだから、本当のことをなかなか話せなかった。そしてかれこれ十年以上も過ぎてしまった。すっかり遅くなってしまったが、私が高松でどんなふうに暮らしたかを正直に書いておくことにしたい。

一　高松に行く

ところ払い

明治になってからもしばらくは「ところ払い」という刑罰があったような気がする。一定期限を限って、あるいは終生、ある地域（例えば江戸や東京）から放逐されるというものである。刑罰というくらいであるから、一般にはこういう処分を受けた人間には辛いことだったのだと思う。しかしそれはあくまで「一般に」であって、すべての人間がそうであるわけではない。

当時勤務していた日本道路公団という組織は全国に事務所が散らばっていて、本社のある東京と地方の事務所の勤務とを交互に繰り返すことのほうが普通であった。しかし私はどういうわけか、入社以来十数年間、東京と横浜の勤務しか経験したことがなかった。三〇代の後半に、東京での仕事につくづく疲れてしまい、もう仕事を辞めようかと思ったことがあった。その時、ある先輩にこう言われた。「箱根の関所と白河の関所の先は外国だよ。だまされたと思って行ってきてみろ」。それで、仙台に転勤させてもらうことを条件に辞職を思いとどまった。仙台に行ってすぐに「箱根の関所と白河の関所の先は外国だ」というのが本当だったことを知った。「これまでの東京での仕事は一体なんだったんだ、仕事は地方でやるに限る」。そう思った。

仙台に長く居る、できれば定年まで仙台に居続ける、という希望は実現できずに、あっさりとまた東京で仕事をやる羽目になったが、機会があれば、いつかまた仙台で暮らしてみたいと強く考えていた。

そう考えているところに、二〇〇三年の始め頃、「東京からところ払いにされるかもしれない」という話が伝わってきた。冒頭でも触れたが、当時の道路公団総裁であった藤井さんに「高速道路私物化論者の手先」とされたからである。注1

注1　藤井さんは、二〇〇三年四月に開かれた「秘密会議」で次のように言っている。

「『今後は新規投資を行わず現在利益が出ている部門だけで民営事業を続けていけば問題ない』とするグループがいる。水野清（元建設相）、田中一昭（民営化推進委員長代理）、これらに毒されているとみられる民営化委員の川本、松田と、その手先となっていた片桐。彼らの動きがあるが、私に言わせればこれは、まったくの［高速道路の］私物化の発想だ」（「道路公団総裁の『仰天』謀議」『選択』二〇〇三年五月号、［］内は引用者による補足。以下同じ）。

「高速道路の私物化」問題は高松での暮らしとは何の関係もないが、せっかくなのでこの問題に触れておく。民営化委員会は、経団連の元会長である今井敬氏を委員長に、田中一昭氏（委員長代理）、松田昌士氏、中村英夫氏、大宅映子氏、猪瀬直樹氏、川本裕子氏の七人で構成されていた。藤井さんは「高速道路の私物化」を主張する委員として、田中、川本、松田の三委員だけをあげている。国交省寄りと目された今井、中村両委員はわかるとしても、民営化の急先鋒と見られていた猪瀬委員が除外されているのは意外である。猪瀬氏は藤井さんにとっては、田中、川本、松田の各氏とは別のスタンスの人間と思われていたのであろう。藤井さんは二〇〇三年七月に私に対する損害賠償請求訴訟を起こしたが、そのなかで、猪瀬氏のコラム（「ニュースの考現学」）や著書（『道路の決着』）を自分の主張を裏付ける証拠資料として提出した。

猪瀬氏も大宅氏（彼女も藤井さんからは「高速道路の私物化」を主張する人間とはみられていなかった）も、二〇〇三年の暮れに、高速道路を公物のまま残すとする政府案に合格点を与えた。そのことを考えると、藤井さんはまことにもって慧眼の士だったというべきかもしれない。

参考までに、今井委員長と猪瀬委員のその後の発言を掲げておく。

道路は国のものというのが私の信念です。……世界中どこも、道路を商売の道具にしている国はありません。鉄道は料金を取りますが、道路は有料でも、償却［償還のことか？］が終われば無料です。

（「時代の証言者」今井敬氏インタビュー『読売新聞』二〇〇六年五月八日）

――保有機構を通じて、国のコントロールが依然働くとの批判も出ているが。

（猪瀬）それはためにする議論。道路公団サイドに立つ委員に新聞が影響されただけ。……どこに公共財産の道路を私有化するなんて国がありますか。

（猪瀬直樹氏インタビュー『東京新聞』二〇〇五年九月二六日）

浅羽通明『アナーキズム』（ちくま新書、二〇〇四年）は、高松で読んだ多くの本の中でも記憶に残る一冊だが、この本には次のような興味深い文章がある。

「おれは此頃、アナキストなんだ。政府なんて、いらんと考えているんだ。全部商人に任せればいいんですよ。商人は、利に敏（さと）いからね、鉄道だって、道路だって、今より上等なものを、ちゃんと作ってくれますよ。儲ける代わりに、サービスも満点になりますよ。役所とか、役人とか、そんなものは百害あって、一利なしなんだ。今度の戦争で実証済みじゃないか」。

一九四八（昭和二三）年、死を数ヵ月後に控えた太宰治は、堤重久にこう語ったという（『太宰治との七年間』筑摩書房、一九六九年）。

二〇〇二年七月、映画化された太宰伝『ピカレスク』（小学館、二〇〇〇年）の原作者猪瀬直樹は、封切日の舞台挨拶へ届けたメッセージでこの言を引き、太宰は五〇年前に国鉄と公団の民営化を提唱していたのですとコメントし、会場は沸いた。当時、猪瀬が、小泉純一郎の下、道路公団民営化に取り組む委員として国民の期待を担っていたのは記憶に新しい。（二四〇〜一頁）

もし、猪瀬氏が、この太宰の考えを評価したうえで道路公団の民営化を考えていたとしたら、猪瀬氏の「どこに公共財産の道路を私有化するなんて国がありますか」という発言はどう理解すればいいのであろうか。

私の方は仙台でのいい思いがあるから、地方に行くのはむしろ歓迎であった。ただ関係者の手前、「ところ払い」を期待しているという顔ができなかっただけである。民営化に向けた様々な活動は一人でやっていたわけではない。何人かの仲間と一緒に動いていた。そうした中で、私だけが「ところ払い」で抜けるというのも少し気が引けた。

　仲間とは、小さな作業用のスペースを確保して、作業や打ち合わせをやっていた。ある仲間が勝手にこのスペースに「リス企画」という名前を付けた。この名前がいつの間にか定着した。私もその名前を使うことにする。

　藤井さんは「ところ払い」で私にダメージを与えられると考えていたかもしれないが、リス企画のメンバーたちは皆、「ところ払いは歓迎する」とする私の思いを知っていた。それで、藤井さんが私を地方に飛ばすつもりだという噂が流れた時、リス企画の一人は「もし仙台だったら、片桐さんにとっては左遷でも何でもないじゃないですか。藤井さんはそのことをわかっているんですかね」とつぶやいていた。藤井さんはひょっとしたら地方勤務の楽しさを知っていなかったのだろうか。

　東京からの「ところ払い」の候補地は仙台ではなかった。何とフランスのリヨンであった。これには私よりもカミさんの方が喜んだ。私の仙台勤務の時、自分も仙台にやって来ては楽しんだ思いのあるカミさんは、東京からの「ところ払い」を私以上に気にしていなかったが、「フランスならこんなにいいことはない」と、「ところ払い」を心待ちにする有様であった。

　藤井さんと最後に話をしたのは、二〇〇三年五月八日である。藤井さんはその時、次のようなことを私に言った。

「今は世間が騒いでいるが、俺もお前もじきに忘れられる。しかしこのまま日本にいたんでは、もみくちゃにされる。日本ではお前のキャリアも上げられない。だから、少し日本を離れていろ」

そう言って、フランスのリヨンに行って、交通経済の研究をすることを勧めた。「フランス語はできません」と言ったら、通訳をつけてやるとまで言われた。今考えてみれば、実に結構な話だったが、結果的に私はこの話を断った。

「今は世間が騒いでいるが、俺もお前もじきに忘れられる」という藤井さんの考えは、その時も正しいと思ったし、今もそう思う。そして実は、一時期本当にフランスに行こうと思った。道路公団の民営化問題で相談に乗ってもらっていた多くの関係者からも、「フランスならいいじゃないか。フランスでのんびりしろよ」と言われた。

フランスに行かなかった理由は実に単純である。道路公団の規定がどうなっていたのか、よく知らないが、海外への赴任の場合は本人の同意が必要らしく、人事当局がその同意を求めてきた。私は、「命令ならば行くしかないが、自分でフランス行きに同意することはできない」と答えた。道路公団改革の動きはまだ続いており、私の周辺ではリス企画のメンバーが楽ではない作業に取り組んでいた。そんな中で自分の意思で日本を離れ、フランスでのんびりするわけにはゆかなかった。

　これでフランス行きはなくなった。するとすぐに、「七月一日付けで高松の四国支社に異動させる」という話が伝わってきた。高松と聞いて驚きはしなかった。東京にいられないことは藤井さんの話でわかっていたし、できるだけ遠くにやるとすれば、四国も有力な候補地だった。「北のほうが良かったが、高松でもまあいいか」。その程度の気分であった。

　それまでの経緯から、私は道路公団の改革派（積極民営化論者）であり、藤井さんは守旧派とみなされていたため、異動が内示された時、この異動は左遷だと新聞は騒いだ。[注2] 狐目のようで狸のような印象も受ける某大臣が「大新聞が一面トップで伝えるようなことか」とむくれたそうだが、書かれた本人もそう思っていた。しかし、大臣がむくれたことを聞いて、逆に新聞に書かれるだけの意味はあるのかもしれないと思い直した。それで「左遷なんだろうな」とは思った。しかし、左遷という言葉が持つ暗さとは相変わらず無縁の気分であった。

注2　異動の内示は尋常ではなかった。当時の道路公団では、異動は発令日の一五日前のそれも午前中に、遅くても午後一時過ぎには内示されることになっていた。六月一日の異動であれば、五月一七日には内示されることになる。しかし、高松に行く時の内示は五月二三日であった。前日（二二日）、藤井総裁が激昂して、道路公団の人事部が「七月一日付け」で持っていった私の異動案を、「六月一日付けにしろ」と怒鳴りつけたということだ。よほど腹が立っていたのであろう。理由はどうやら、

二二日に発売された『週刊新潮』と月刊『テーミス』にあるらしい。『テーミス』では藤井さんの当時の側近だった人物に対する悪口を含め、藤井さんが作らせた民営化総合企画局批判が延々と書いてあった。『週刊新潮』では櫻井よしこ氏が財務問題を巡って鋭い批判を展開していた。

当局には相当ショックだったらしく、この二つの記事とも、そのコピーは午後になっても道路公団本社内には回覧されなかったという。藤井さんは「この二つの記事の背後には片桐がいる」と思い込んで、それで激昂したのであろう。そしてその結果が予定を一ヶ月早めた「四国への左遷」ということになったようだ。それで慣例を無視して九日前の内示ということになった。これ以外にこの日に内示を受ける理由は思い浮かばない。

内示を受けた後、四国支社の前任者（同期入社のK君）に電話した。K君は七月に辞職する前提で調査役として中部支社（名古屋）に行くという。私を四国に追いやるためにわざわざK君を首にするということになる。しかも予定を一ヶ月繰り上げたために、名古屋で一ヶ月間だけの調査役に就くという極めて変則的な異動になる。K君は「本当は四国で首になるところを、出身地の名古屋に異動になった上で辞めるのだから、引っ越し代が助かったよ」と笑っていたが、彼は明らかに私のとばっちりを受けたことになる。

根があまり仕事好きでないこともあって、仕事に振り回されるのはできたら御免こうむりたい。道路公団の民営化に関する作業を始めた、正確には「再開」したのは一九九八年の暮れからであるが、二〇〇一年頃からやたらと忙しくなっていた。なかには自分で仕掛けたものもあるから、半分は自業自得なのだが、ろくに本も読めないというのはなんとも面白くない話で、これはかりは自業自得と簡単に諦めきれなかった。

そこへ「高松に行け」という命令である。ポストは四国支社副支社長であった。道路公団の民営化作業にとっての影響が全くないというわけではなかろうが、これは工夫次第でなんとかなる。とにもかくにも東京から追い払われるのだから、四六時中東京のあちこちを動き回ることは不可能になる。その分、自分の時間がとれる。すっかり埃のたまった本をもう一度開く時間もとれる。そう思った。民営化作業のなかで知遇を得、いろいろと協力をしてもらったり、指導を頂いたりした関係者の多くからも、「高松に行ったら、しばらく本でも読んでのんびりしておけ」という忠告をもらった。これで大手を振って、のんびりと本を読める。

亭主の私はこうだったが、無意識に「すべてを楽観的に考える」癖のあるカミさんは、すぐに高松赴任で何が便利になるかを考え出した。少し前にフランスに行くという話があったから、「フランスに行けばもっとよかったのに」と言いながら、「でもこれで、あなたの分の旅費はほとんどなしで、八十八ヶ所巡りができる」と四国の霊場巡りの算段を始めた。

夫婦二人とも至ってのんびりした気分で高松赴任の荷造りを始めた。高松で首になるにしろ、状況が変化して道路公団職員のままで東京に戻って来ることになるにしろ、高松暮らしはそう長くはない。そう思ったこともあって、高松へは単身で行くことにした。仙台で単身赴任をしたことがあるから、単身生活のコツはある程度わかっている。一番のコツは、自分の苦手なことはしないということである。私の場合は、家事の類は、どうしてもしなければならないこと以外は一切しない、ということになる。最初に単身で仙台に行った時は、カミさんは電器釜やまな板、包丁やお茶の缶まで荷造りして赴任先に送った。数ヶ月後、様子を見にやって来た時、それらが一回も使われていないことを知って、呆れて自分で自宅（留守宅）に送り返したことがある。この時の経験でカミさんは、私が単身生活では何もしないことを知っているから、荷物はいたって簡素なものとなる。

その上今回は、高松暮らしは極端に短くなると考えていた。藤井さんが倒れるか、私が首を切られるか、いずれにしても秋の終わり頃までには結論がでる。それで冬物は何も持って行かないことにした。結果的には予想が外れて、高松で冬を越すことになった。寒さには多少の抵抗力もあり、高松は温暖な土地だったが、夏布団と夏の軽装で冬を越すことはやはりできず、冬用の布団と衣類を追加して送ってもらうことになった。しかし赴任する時は本当に一二月までには片がつくと思い込んでいた。

さらに、首になった場合は、高松から留守宅まで荷物を送り返す費用は自己負担ということになる。それを考えて、本以外で高松に持っていくものは極力少なくし、持っていくものも大半は高松で放棄してもいいようなものにした。

藤井さんは何を考えていたのか

昔から「騙された奴よりも騙した人間のほうがずっと辛いんだろうな」と思ってきたが、今回も「左遷された自分よりも、左遷した藤井さんのほうがずっと大変だろうな」と思った。こっちは高松でのんびりしておけばいいが、藤井さんは東京で騒がれ続けることになるからだ。本人はその程度の意識だったが、当の藤井さんが私を「ところ払い」にすることによって何を狙っていたのかは、サッパリわからなかった。藤井さんの思惑として想像できるのは次のことくらいだが、私を高松に配転することでこれらを実現できると本当に考えたとすれば、藤井さんも私と同じくらい人を見る目がない。

ア．私を東京から飛ばすことで、改革派を解体できるし、自分の支配に対する妨害工作を阻止できる

イ．権力の中枢から遠ざけることによって私に挫折感を与える

ウ．高松で私を孤立させ、苦しめる

エ．単身赴任で苦しめる

理由としてはアが一番もっともらしいが、もしそうならば、藤井さんは道路公団の民営化に向けたリス企画を中心とした運動を私が指導していると勘違いしていたことになる。民営化運

動は誰かが指導したようなものではなかった。その運動にかかわった職員の中で私が一番の年長者で、そのこともあって行きがかり上私が表面に立っただけのことである。藤井さんの取り巻きからは「片桐一派」という言葉が聞こえてきたが、この運動は特定の「派」がやったものでは決してなかった。各人が自由意志で参画し、それぞれができることをする、そしてあまり無駄が出ないように連絡はとりあう、そういう形での運動だった。だから私が東京を離れようと、運動が「解体」するわけでも、消滅するわけでもなかった。私が高松に行ったあとも、この運動が全く力を失わなかったことがそのことを示している。

なにしろ、組織規約も行動要綱もないのである。もちろん血判状や誓詞を作ることもなかった。リス企画のメンバーがそのことをどのように評価するかは別として、私にしてみれば、緩やかで出入り自由の運動だった。その点にこの運動の大きな問題点と限界があったことはたしかだ。しかし、そうであるがゆえに、リス企画の最後の一人が運動を放棄するまで決して終わらない運動でもあった。藤井さんとその取り巻きはそのことを見誤った。

イについては、人間は自分の物差しで他人を計るという言葉を思い出す。藤井さんのことについて報じた多くの新聞や雑誌が、藤井さんは強烈な権力志向の人間だったと指摘した。藤井さんとはそう多くの言葉を交わしたわけではないが、権力に対する強い執着は私にも感じられた。ただ、別にそれが悪いことだと思わない。世の中には権力を握って初めてできることもある。そういうことをやろうと思って、藤井さんは歯を食いしばって権力の頂点に上っていったようにも思う。

当時私は、猪瀬氏から、「片桐は藤井との権力闘争に敗れて左遷されただけだ」と言われたことがある。猪瀬氏もまた、私が権力を狙っていたと判断したのかもしれない。注3道路公団の外の人間がそう思うくらいだ。道路公団の最高権力を握ってあとはその地位から追われるか手放すしかない藤井さんが、「片桐は誰かと組んで俺の権力を狙っている」と思い込んだとしても、おかしくはない。そうだとしたら藤井さんはこの時、冷静さを失っていたのだと思う。権力を握るとか、権力の中枢に留まるとかいうことは私にとっては全くどうでもいいことだった。藤井さんはもうとっくに忘れているかもしれないが、昔一緒に仕事をしていた頃、私に向かって、怒ったことがある。藤井さんは、「何でもう少し権力を握ろうと思わないんだ。お前は権力欲がなさすぎる」と言ったのかもしれない。藤井さんは権力の強さと怖さをいやというほど知っていたから、そう言ったのかもしれない。しかし、私にとっては、権力はそこから遠く離れているに越したことはなかった。注4

注3　猪瀬氏からは「片桐氏にとっては推進委は改革実現の場でもなんでもなく、自身の出世の過程に過ぎなかった」と批判されたこともある（『週刊ポスト』二〇〇三年六月二七日号）。自宅でこれを読

んでいて呆れた。たまたま何かの用で我が家にやってきた長男がこの記事を読んで、「これを書いた奴はよほどわかっていない奴だな。親父は何もしない方が出世したはずだよ」とつぶやいていた。日ごろ何を考えているわからない息子だが、親の背中を少しは見ていたようだ。

猪瀬氏も自分に似せて人を判断したのではないか。猪瀬氏にとっては、民営化委員会に入ることは、自分の人生をかけたものだったかもしれないが、私にとっては、民営化委員会事務局に出向することは、出世という観点からは何の意味もなかった。出世しようと思えば、息子が言ったように、「何もしない」のが一番だった。そのことからみれば、事務局への出向はむしろマイナスであった。

猪瀬氏はよほど権力が欲しかったのか、その後（二〇〇七年）、石原慎太郎・都知事の下で副知事になり、さらに石原氏の後継として都知事になった（二〇一二年）。この時、得票は四三〇万票を超えた。もっともその僅か一年後に、猪瀬氏は不明朗な金銭疑惑で、知事の座を手放した。

猪瀬氏は民営化委員になってから「利権や官僚と闘う正義の旗手」というイメージでメディアに取り上げられていたから、都知事辞任前後にはそのイメージとの落差に対する驚きが広がった感がある。しかし私は、何で今更驚くのか理解に苦しんだ。猪瀬氏から罵倒に近い批判を受けてきた私には、猪瀬氏は権力に対する迎合者にしか見えなかった。だから、四〇〇万を超える都民が猪瀬氏を支持したことの方がはるかに驚きであった。猪瀬氏が辞任したあとで、「大勝をさせた報いで年は暮れ」（久木田一弘）という川柳が『朝日新聞』に掲載されたが、猪瀬氏を大勝させたことの反省がどこからも聞かれなかったことも、また不思議なことである。

なお、私が民営化委員会事務局に出向することになった経緯については、「片桐幸雄　オーラル・ヒストリー」（東京大学先端科学技術研究センター　御厨貴研究室、二〇一三年）で語った。報告書は市販されている書籍ではないが、大学の図書館あたりで読むことができるかもしれない。興味があれば参照されたい。

注4　「お前は権力欲がなさすぎる」と私を批判した藤井さんと初めて出会ったのは、一九八五年の一一月である。私が建設省道路局有料道路課に出向していた時、藤井さんは課長としてやってきた。藤井さんは八七年の一月に道路局の企画課長になって転出したが、その時も私はまだ有料道路課にいた。つまり、藤井さんが有料道路課にいた全期間を通じて、私は彼の部下として働いたことになる。仕事で嫌な思いをした記憶はほどなくしてほとんど忘れたが、藤井さんとの一年数ヶ月は後々まで強い印象が残った。「権力からは遠く離れているべきだ」と思ったのは藤井さんの姿を観て再確認したことだと言える。

マスコミは私の高松行きを左遷だとしたが、これは私にとっては、曖昧だった権力との関係がある意味で整理されることを意味した。高松に赴任することが決まった時、ひどく急な話であることにはとまどったが、それと同時に、むしろ自分にとっては居心地のいい「権力から遠く離れた場所」に行くことになったことで少しホッとしたことを覚えている。

私を高松で孤立させることを考えたという可能性は低い。孤立という意味では、少なくとも表面的には民営化委員会事務局出向中のほうが余程ひどかった。私はこの出向中、職場の人間とだけで昼食に行ったのは、出向直後のたった一度きりである。会議での議論以外に、声を交わすこともほとんどなかった。そういう状況にあったことを藤井さんは事務局に出向していた国土交通省の職員から聞いていたはずである。また、事務局から道路公団に戻ってきてからも、私は仕事も部下もなく、引き続き孤立していた。仮に高松で表面的に孤立したとしても、それはこれまでと変わることはなかった。その上、あとで述べるが、高松では本当のところ、決して孤立などしていなかった。たしかにフランスに行ったのであれば、言葉と生活習慣の壁の中で、私は孤立したかもしれない。しかし高松は日本語だけで十分だった。フランス語以上に苦手なパン食を強いられることもなかった。なにより風土も人情も穏やかで豊かであった。だから仮に私を孤立させることを考えたら、藤井さんはやはり私をフランスに追放すべきであった。藤井さんは期待していたかもしれないが、高松はフランスに代わることはできなかった。[注5]

注5　高松では、ただ一回だけ例外的に孤独感をかみ締めたことがある。八月のことであった。夕食のために外出したら、「高松祭り」に遭遇した。路上には露店が並び、街角では素人楽団が演奏をしていた。友人連れや家族連れがそれを取り巻いて楽しんでいた。一人だと、それを楽しむという気分にはならない。その脇を通り抜けて近くのうどん屋で一人で夕食をとり、まっすぐに宿舎に戻った。午後八時に大きな音が聞こえた。花火大会が始まったらしい。宿舎からも花火は見えるとカミさんから聞いていたので北側の廊下に出てみる。十分に見えた。北側の部屋のベランダからも見えた。しばらく見ていたが、一人で見ていてもつまらなくなって、引っ込んだ。お祭りとか花火とかいうものは一人で見るものではないということを実感した。考えてみたら、田舎にいた頃から、一人で祭りに出かけたという記憶がない。祭りは基本的には共同体の行事であるから、いかなる意味でも共同体の外側にいる単独者が楽しくなるはずがないのである。それを実感した。

しかしこれは、高松だから、左遷させられたから、の孤独感ではない。

随分前に読んだ、須賀敦子『コルシア書店の仲間たち』（文藝春秋、一九九二年）の中の次の一文が今も強く印象に残っている。

人間のだれもが、究極においては生きなければならない孤独と隣りあわせで、人それぞれ自分自身の孤独を確立しない限り、人生は始まらないということを、すくなくとも私はながいこと理解できないでいた。（二三二頁）

私は「孤独」ということを須賀氏のように真剣に考えたことはなかった。またとりたてて孤独を好むというわけでもない。大昔、やけ酒を飲むために一人で酒場で飲んで、ひどい悪酔いをして以来、一人では決して酒場には行かないことにしている。しかし、深夜に好きな本を読みながら飲む酒は一人でやるに限ると思う程度に、孤独は嫌いではない。

須賀氏はイタリアという異郷の地で「孤独」の確立の必要性ということを考えたのかもしれないが、高松では、私は「自分自身の孤独を確立する」ことはついにできなかった。

何かの折に上京した際に、かつてある事件で道路公団を追われた人物と東京で会ったことがある。彼は私の上京を喜び、慰労のような昼食会を持ってくれた。その別れ際、「人恋しくなることもある。誰か私に会ってみたいという人間がいたら、一緒に訪ねてきてくれないか」と言われた。驚いた。彼が事件を起こしたのは事実であるかもしれないが、だからそのあとは誰も訪ねてこないというのはひどい話である。誰とも会えない状況が続いていたとしたら、「人恋しくなることもある」のかもしれない。

私は会おうと思えば多くの人間に会うことができた。それもあって、「高松祭り」での例外的な事件を除いて、「人恋しくなる」ことはなかった。だから「自分自身の孤独を確立する」ことはついにできなかったともいえる。ともかく高松での私の「孤独」はその程度のものであった。

最後の単身赴任の件は最も可能性が低い。単身赴任は仙台に続いて二度目の経験であった。私は仙台で単身赴任に苦しんだ思いは全くなかった。それどころか、あまりにも良き思いが多く、チャンスがあったらもう一度行きたいと思っていたほどだ。カミさんも似たようなもので、私がどこに単身で行くことになろうがほとんど気にしていなかった。

こう考えてくると、高松に行けという指示は、「どうもあいつは目障りだ。俺の周りから遠ざけろ」という単純な理由だったのかもしれない。私としても、藤井さんやその取り巻きの顔をそんなに見たいとは思わなかった。ただ実際は、私は総裁室とはかなり離れた階の小さな部屋で一日中ぽつねんとしていたから、顔を合わせることなどほとんどなかった。そうなるとこれもあまり可能性はありそうもない。

藤井さんの思惑はいまだによく理解できない。このとき藤井さんが何を考えていたのか、機会があったら藤井さんに聞いてみたい。

高松時代は雌伏のときだったのか

ある編集者が次のように書いている。

長い雌伏は人を去勢する。孤独のうちに志は角をためられ、日常は無為に流れて、焦燥と倨傲のどうどうめぐりが始まる。編集長個人もそういう危機を経た。失意に耐えられたのは胸の熱塊といったものがあったからで、内部のこえがどこからともなく聞こえてきた。
「けおそろしき美が生まれる」
それをマントラ（呪文）のように唱えているうちに、怪物のような現実をもう一度凝視しようという肚が固まった。

（阿部重夫「編集後記」『ＦＡＣＴＡ』創刊号＝二〇〇六年五月号）

高松には左遷させられたとは言えても、このような雌伏を強いられたという感覚はない。雌伏とは何かをやりたくともできないという状態を言うのであろうが、そういう気持ちになったことは全くないからだ。
「高松ではおとなしく部屋で本を読んだほうがいい」と考えて、私生活では本屋と図書館、それに特定の飲み屋と高松駅の定食屋以外には、うどん屋巡りという僅かの例外を除いてほとんど出かけなくなった。これで人と顔を合わすことはめっきり減った。仕事のほうでも、幸か不幸か、多分「幸いにも」というべきなのであろうが、高松に行って二ヶ月後に副支社長を解任されたことで、義務的に人と会うことはほとんどなくなった。

解任されたのは、二〇〇三年の七月一〇日に発売された『文藝春秋』八月号の「藤井総裁の嘘と専横を暴く」といういささか扇情的なタイトルの記事で、藤井さんによる財務資料の隠蔽と独断的な人事を批判したからである。これを読んだ藤井総裁が激怒して、「名誉を棄損された」として、私と『文藝春秋』の編集長を民事で訴えた。普通だったら、訴える前にきちんと事実関係を調査して、私に対して解雇や戒告といった懲戒処分をするはずなのだが、そういうことを抜きにいきなり訴えられた。そしてそれを理由に八月初めに副支社長という役職を解かれた。高松への転勤が左遷だとすれば、これは二回目の左遷である。

高松へ転勤させたのは、私を東京から遠ざけるという意味はあったと思うが、副支社長を解任するというのは、一体どういう意味があるのかまるでわからなかった。私には副支社長という肩書を誇る気はさらさらなかった。かつて私を「お前は権力欲がなさすぎる」とたしなめた藤井さんは、そのことを忘れてしまっていたのであろうか。「民事事件で係争中の人間だから」というのなら、出社禁止にして道路公団の仕事に一切かかわらせなければよかったはずなのだが、そういうわけでもない。腹立ち紛れに解任したのであろうか。

もっともただそれだけのことであって、給料の減額もなかった。不利益な処分をくらったら、地位保全の仮処分申請をやろうと思って、弁護士に尋ねたら、首になったわけでも、収入が減らされたわけでもなく、物質的不利益はないのだから、地位保全の請求は難しいという。副支社長を解任するというのはその程度のものに過ぎないということである。

実際、この職を解かれたとしても、私自身には目に見える不利益は何もなかった。形の上では副支社長は支社長に事故がある場合はそれに代わって職務を遂行することになっている。だから支社長が出る会合や打ち合わせには同席することが原則となっているはずで、そういう会議などに出席する義務を免除されたのはむしろ利益と言わなければならない。

「はず」としたのは、在任期間がたった二ヶ月しかなく、実態を掌握するに至らなかったからである。私は高松に来る三年ほど前に、道路公団の「東京建設局」という地方組織の「次長」をしたことがある。「建設局」というのは、「支社」の仕事のうち「管理」がない組織と思えばいい。当時の道路公団は北海道から九州まで支社を置いていたが、関東地方にだけは、所掌業務が膨大なため、「支社」ではなく「建設局」と「管理局」が置かれていた。したがって、「建設局次長」というのは、「支社副支社長」と同じようなものである。こういう経緯があったから、私がまた「支社副支社長」として高松に行くことが左遷だと考えられたのであろう。もっとも、この東京建設局にも百日足らずしかいなかった。だからこの時の経験からも地方組織の次長とか副支社長とかの仕事のことはよくわからないままであった。ただ、八月に私が解任された後、翌年の春まで四国支社副支社長は空席のままだったから、副支社長という職自体が大した仕事ではないのだと思う。

ともかく、仕事の上で道路公団外の誰かと会うということはほとんどなくなった。その上、行動の制約がなくなった。副支社長解任をカミさんに知らせた時に、カミさんは「これでもう仕事を気にせずに自由に動けるじゃない」と頓珍漢なことを言っていたが、事実はその通りであった。副支社長のときは、支社長業務の代行ということが頭にあり、支社長が高松にいない時は私は原則として高松に留まることにし、彼が休暇を取る時は私は出社するようにしていた。もはやそういう制約はなくなった。

小室直樹氏が次のようなことを書いている。

「定年を待たずに窓際族に指名されたら、欧米人はさぞ喜ぶ事だろう。ノルマも仕事もなく、日がな一日新聞でも読んで給料が貰えるなら大歓迎、という訳だ」

（『経済学を巡る巨匠たち』ダイヤモンド社、二〇〇四年、一五二頁）

高松での暮らしは、とりわけ八月の初めに副支社長という身分を離れたあとの暮らしは、「定年を待たずに窓際族に指名された」ようなものだった。月曜の朝から金曜の夕刻まで、一週間丸々自由に過ごせる実にいい身分となった。ある新聞記者は私のこういう暮らし方を聞いて、「いいですねぇ、昔は新聞社でもそういう生活ができる記者がいたんですけど、今はもう駄目ですねぇ」と心底羨ましそうに言っていた。新聞記者に羨ましがられたことはこれが初めてであった。

もちろん、誰とも会わず、やるべき仕事もないという生活に何も問題がないわけではない。例えば、自分が何かの社会的な用に立っているという実感を得ることができないという問題がある。したがって、給料をもらって仕事がないということが、本当に羨ましい生活かどうかは即断できない。これは、失業は生活費が無くなるだけの問題ではなく、失業手当がもらえればすべてが片付くというものではない、ということにも関連する。

失業は、自分の社会的存在感にかかる問題でもあるともいわれる。失業手当をもらって、生活には困らないとしても、自分の社会的存在意義はどこにあるのかという問題は依然として残る。例えば、何かしらの仕事をすることを求められ、それをしていれば、自分が社会に貢献している一員であるという充足感が得られるはずであるが、失業するとこの充足感を失い、自分の価値が失われるような思いになることもある。

さらには、以下のような問題がある。

ある研究によれば、失業者は体の免疫力が低下する傾向にあるが、これは雇用労働の持つ次の特性が失われることからくる、という。

一．労働日における時間管理
二．家庭以外での社会成員との経験の共有と接触
三．目標と目的の設定
四．地位と個性の確立
五．活動性の強化

失業によってこれらが失われることは心理的に強いストレスを失業者に与え、その結果として免疫力の低下につながるのだという。部下も仕事もない左遷の場合もこれと同じような問題を抱える。というよりは給料をもらって、毎日仕事場に行きながら、誰にも会わず、やるべきこともない左遷の場合、このことはかえって深刻になるかもしれない。

しかし、これは自分の社会的存在意義を与えられた仕事の中にしか見つけられないとか、仕事から離れたら自分が何者なのかわからなくなってしまうというような生き方にこそ問題がある。社会に貢献することは、雇われた組織から与えられた仕事を消化する以外にないわけでは

決してない。定年後の長い日々を考えたら、仕事以外に自分の生きがいを見出さなくては、その長い期間を生きている意味がない。先に挙げた一～五の問題についても同じである。これらの問題をいずれは組織に頼ることなく自分で解決しなければならない。左遷は――少し早めに――それをじっくり考える、いい機会であるとさえ言える。

解任に伴い、私は副支社長室から出ていかなければならなくなった。そして個室とともに仕事と部下もなくなった。東京建設局の次長をしていた時、そして民営化委員会事務局に出向していた時も個室にいたが、個室で業務をすることには特段の思いはなかったし、したがって個室から出ていくことにも何の感慨もなかった。しかしなすべき仕事がないというのは、やはり問題が生じる。上述したように、仕事がないということは、社会的存在感を失うことを意味するからだ。どうしても別の方法で社会的存在感を確保する必要がある。

給料を得るための仕事以外でそれができない場合は相当辛くなる。部下がいないことの不都合は、縦関係のつながりがなくなることや、雑用を頼める人間がいなくなることではない。共同作業ができないということ、話をする仲間がいなくなるということのほうがむしろ問題なのである。職場に行っても話し相手が誰もいないとなると、通常は相当の孤立感を味わうことになる。実際、このことに関しては関係者からずいぶん心配していただいた。この孤立感に関しても私はどちらかといえば幸運な環境にあった。既に述べたように、私は高松に行く前も、民営化委員会事務局でも、そこから戻って来た道路公団での勤務の中でもほとんど孤立状態にあった。だから、高松の職場でまた話し相手がなくなったとしても、それ自体は私にとっては、環境の大きな変化では決してなかった。

いろいろな事情で、民営化委員会事務局では親しく酒を酌み交わすという仲間を作ることはできなかった。先に触れたように、事務局では個室で勤務していた。その部屋に事務局員が気軽に入ってくることはまずなかった。こういう状態を見ていた新聞記者が「片桐さんは事務局では孤立無援でしょう」と同情まじりに訊いてきたことがある。「うん、そうだ」と言いかけて、あわてて、「孤立はしているが、決して無援ではない」と訂正した。表面的にはたしかに誰とも接触もできなければ、共同作業もできない。しかしそのことは直ちに「無援」であることを意味するわけではない。外で誰かが同じ思いを持って動いているのである。場所と時間さえ工夫すれば、いつでも親しく話をできる人間がいる。これを「無援」とは言わない。「連帯を求めて孤立を恐れず」という古いスローガンのほうが私には親しみがあったくらいである。無援でない限り、人は「孤立」はしても「孤独」になることはない。そして「一室に安んじて独りいること」ができるのである。[注6]

その上高松では、後述するように、職場外の多くの人々に助けられながら、職場の仕事とは全く無関係の多くの課題を背負うことになった。そういうわけで、私は自分の社会的存在意義に悩むこともなく、「無援」でもなかった。だから雌伏しなければならないこともなかった。

注6　アイルランドの作家、フラン・オブライエンはその著書『ハードライフ』（大沢正佳訳、国書刊行会、二〇〇五年）のエピグラフに次のように書いている。

「人間のあらゆる不幸は一室に安んじて独りいることができないことから来る」（パスカル『パンセ』第二篇一三九）

私はこのエピグラフで紹介された箴言を「孤独でいることが不幸の始まりだ」と理解してしまった。これはどうも納得できなかった。注5で触れた須賀氏の言葉の方がはるかに腑に落ちた。ただ、パスカルの言葉をこんなふうに理解するのは問題があることがあとになってわかった。津田穣訳『パンセ』（新潮社、一九五〇年）の№一三九（六七頁）の訳文は次のようになっている。

私は……人間のそれらの不幸はいずれもたった一つの事から由来すること、その一つというのは、部屋のうちに休んでいることができないということであることを発見した。

この文章の背景には、パスカルの次の思いがある。№一二九、一三一（六五頁）の文章である。

我々の本性は動きにある。全き休息は死である。（一一九）

情熱も持たず仕事も持たず娯楽も持たず勤勉も持たず全き休息のうちにあることほど人間にとって堪えがたいことはない。（一三一）

生きている限りは、休息ばかりすることなどはできない。パスカルはそう言いたかったのではないか。たしかに、何もしないでいるというのは、恐ろしい苦痛である。それはよくわかる。それを「一室に安んじて独りいる」と訳したのではひどく意味が違ってしまう。オブライエンの著書の訳文では「一人で孤独に暮らす」ということが強調されてしまい、何もしないで休息しているという意味はなくなってしまう。

オブライエンは英語訳で『パンセ』を読んだのであろうか。ともかく、フランス語から訳出された津田訳とは、受ける感じが相当違う。翻訳おそるべしである。

雑音としての裁判と賞罰委員会

藤井さんは私と文藝春秋に対して、『文藝春秋』の記事によって名誉を毀損されたとして、謝罪と損害賠償金の支払いを求める訴訟を起した。原告は藤井さん個人と組織としての道路公団（総裁は藤井さん）の連名であった。その一方で、懲戒を目的とした賞罰委員会に呼び出されることになった。賞罰委員会とは、副総裁が委員長となり、道路公団の名誉を棄損するなど就業規則に違反した職員の処分を決める委員会である。懲戒処分には戒告、減給、停職、免職がある。この委員会で処分案を決定し、総裁が最終的に処分を行うことになるのだと思っていた。私の場合は総裁である藤井さんが「片桐を処分しろ」といって、賞罰委員会を開かせた。したがって、藤井さんの意向に反する形で「お咎めなし」になる可能性は、少なくとも藤井さんが総裁でいる限りは、ほとんどなかった。

『文藝春秋』の記事だけならあまり騒ぎも大きくはならなかったのではないかという気がするが、賞罰委員会にかけられ、裁判を起こされたために、いささか騒々しくなってしまった。本社での事情聴取や、裁判対応のために何度か東京まで出かけなければならなくなった。これは予想外の雑音であった。

民事裁判の方は、藤井さんが二〇〇三年一一月に道路公団総裁を解任されると、組織としての道路公団は提訴をとりやめたが、藤井さんは個人の資格で裁判を続行した。一審の東京地裁の判決では藤井さんの請求は全部棄却された。しかし藤井さんは高裁に控訴し、高裁でも請求が退けられると、さらに最高裁に上告した。最高裁の決定は、私が定年で退職したあとの二〇〇九年三月だったが、結果として藤井さんの要求は何も認められなかった。賞罰委員会のほうは、藤井さんが解任されたあとも、道路公団が解散になる二〇〇五年九月末まで、つまり二年以上も審議を続けながら、何の決定も私には伝えられなかった。その上、道路公団の事業を引き継いだはずの高速道路会社のほうには、道路公団の賞罰委員会の審議はいっさい引き継がれず、「そんなことはなかった」ことになってしまった。

藤井さんが建設省の事務次官をしていた時の建設大臣が逮捕された事件に藤井さんも巻き込まれたことがある。それ以来、藤井さんがひどく神経質になっている気はしていたが、こんな記事で私を訴えるとは正直、考えもしなかった。『文藝春秋』の記事のほとんどは既にマス・メディアで報じられていたものだった。それを確認しただけのものがどうして名誉毀損になるのか、わけがわからなかった。

藤井さんが急いで提訴したものだから、懲戒のための審議が妙なことになった。本来は賞罰委員会で答えるべきことが、裁判を起こされたために、弁護士から「裁判以外では発言を控えよ」と指示されて、答えることができなくなってしまった。せめて提訴を遅らせておけば、賞罰委員会で私をじっくりと査問できたはずである。『文藝春秋』の記事で、私は「日本道路公団四国支社副支社長」という肩書を使っていたから、この点では難癖をつけられる可能性はあった。しかし賞罰委員会でキチンと調査をすれば、『文藝春秋』の記事が虚偽のものではなく、したがって藤井さんの名誉を棄損したことにはならないということがわかったはずである。藤井さんはこのごく常識的なプロセスをとらずに、頭から私の主張は「虚偽だ」と決めつけ、裁判に持ち込んだ。藤井さんは私を被告とし、それを理由に副支社長を解任することだけを目的に提訴したのであろうか。このあたりはかつての藤井さんからは想像できない。

ともかく、これで民事裁判の被告となり、懲戒のための賞罰委員会での査問対象となった。振りかかった火の粉であるが、火をつけたのは自分であるとも言えるから、逃げるわけにもいかない。ただ、この二つの事件から何かが生まれるわけではなく、鬱陶しいだけであった。裁判にも査問にも不安はほとんどなかったが、それでも気分はよくなかった。とりわけ査問は、藤井さんと同様に、私に対する反感を持っている技術屋が何名か加わっていて、「結論ありき」の査問をしようという姿勢が見えていたから、幾分腹が立つこともあった。藤井さんの取り巻きが作成したと思われる「怪文書」が流されたこともある。裁判や賞罰委員会への対応のために東京との往復を強いられたことが物理的損耗あるいは雑音だったとすれば、このマイナスの気分は精神的消耗ないし雑音であった。

その上、二〇〇三年の八月には「藤井総裁は片桐を刑事事件の被告にするつもりだ」という話が伝わってきた。これが三つの目の雑音である。当時、「藤井総裁の目的は、道路公団内部の情報がどういう経路で片桐に漏れたかを公権力を使って調べることだ」ということも一緒に伝わってきた。「そこまでやるか」と驚き、そんな告訴が受理されるはずはあるまいと思ったが、それでも「万一」を考えて準備をしなければならなかった。刑事事件となったら「家宅捜査」

もありうるわけだから、押収されては困る物の「避難」をしなければならないし、それまで利用していたコンピュータを使ってのメモの整理・保存も紙媒体のものに切り替えなければならなくなった（コンピュータに詳しい若い友人から「コンピュータほど足のつきやすいものはないから、しばらくコンピュータを使うな」と忠告された）。この負の作業は最初はいささかこたえた。

ただこうした雑音は、すべてがマイナスだったわけではない。コンピュータが使えなくなったから、書き物は紙と鉛筆（あるいはボールペンか万年筆）を使うことになったが、自分にはキャラクター・ディスプレーとキーボードよりも紙と鉛筆のほうが適していることを再確認することができた。そして身辺（とりわけ資料の取り扱い）に注意をする必要があると自戒することができた。

もっとも、物理的雑音はともかく、精神的雑音は長続きはしなかった。緊張感はすぐに緩んでしまい、八月下旬には次のような日記を書くほどになっていた（抄録、［］内は補足）。

二〇〇三年八月二七日（水）

朝四時半から六時半まで、……［洋書二冊を読む］。朝じっくりと考え、午後四時頃から一時間強かけて四枚のカードを作った。やっと少し……〝出発点〟がわかってきた。

朝七時から一時間弱、……のカードを作り、仕事場に来て引き続き作業する。完了。カード作りは久しぶりの作業である。それも、ＰＣ［パーソナル・コンピュータ］が使えないという切羽詰った状況での作業であるから、受身的な姿勢で始めたということになる。しかし、この数日間で三〇枚近いカードを作った。この作業は自分には向いているのではないかと思い始めた。

元来私は特段ＰＣを使うのが好きだったわけではない。必要に迫られて渋々手を染めたといってもいいくらいだ。便利だと思うのは修正と検索くらいなもので、とうてい紙にはかなわないと思う部分も随分あるなというのが今までの実感である。今回、紙（カード）での作業をやってみて、考えながらあるいは考えをまとめながら書く、さらに言えば、作業をやりながら考えをまとめるという点に関しては、磁気媒体は逆立ちしても紙にはかなわないのではないか、と改めて思った。行きつ戻りつ、また立ち止まったり、座り込んだりしながら作業するのは、紙が圧倒的に優れている。「天の恵み」を感謝しなければならない。

朝、〇〇課長が、〇〇工事事務所の〇〇氏から預かったという手紙を持ってきた。中身は、共同通信の諏訪記者が書いたリポートのコピーであった。あまり一般には出回らない週刊誌に掲載されていた。シニカルな記者であり、今回も棘のある記事になっているが、それによると藤井［総裁の］更迭は政局ではもはや「折込済み」となっているという。そうであれば嬉しい。

昼、『ミニマ・モラリア』を読む。『東京セブン・ローズ』『須賀敦子著作集』を読み終わり、楽しむための読書用の本がなくなってしまったと思ったが、職場の本棚に『ミニマ・モラリア』が置いてあるのに気がついた。昼休みを利用して少し読む。当面はこれを読むことにした。

午後一時から三時まで去年の新聞の切り抜きの整理。九〇分かけて半月分しか進まない。昨日覚悟したことだが、これは大変な作業になりそうだ。一日に九〇分から一二〇分を恒常的にこの作業に充てることにしたい。

三時から四時は、上京した際に読むための、……コピーや、「経済学のためのノート」のプリントアウト等の雑務。四時からまた……カード作り。

そして今、午後五時四五分。僅かな休憩だけでよくやったと感心する。毎日こんな風にできるとは思わないが、できるだけ無駄のない日々を過ごしたいと思う。

［藤井さんの提訴した民事事件の文藝春秋側の代理人である］喜田村弁護士と昼に電話する。九月一日の公判は出席する必要がないという。そのあと、文藝春秋の飯窪さん［当時『文藝春秋』編集長］と話をしたが、飯窪さんも「喜田村弁護士に任せておけばいい」という。第一回の公判だけは出たほうがいいと思っていたのだが、必要ないといわれると、［公判に］出るわけにはいかないのかなぁという気分になる。


六時に帰宅。インスタントラーメンで簡単な夕食。


気分転換に街に出る。昨日の夜はかなり根を詰めた作業をしたし、今日はまた目一杯働いたようなものだ。夜は少しのんびりしようと思った。しかし、結局は丸亀町のゾッキ本とコミック専門の古本屋で三冊二〇〇円という次の安い本を買っただけであった。娯楽のための本を高松に来て初めて買った。

高柳芳夫『プラハからの道化たち』（講談社、一九七九年）――なんと初版！

同『禿鷹城の惨劇』（講談社、一九七四年）

野口悠紀雄『パソコン超仕事術』（講談社、一九九六年）

街を歩いている途中に、〇〇新聞の〇〇記者から電話。時事通信が「九月一日の民営化委員会には片桐氏は欠席の意向」という記事を流したが本当かという質問。「本当」だと答える。しかし時事にこの話を流したのは誰なんだろう。

八時前、宿舎に戻り、明日の［上京の］準備とメールリスト、インターネットリストの作成。結構時間がかかった。［刑事事件となるかもしれないと考えての資料の避難のために］〇〇さんのところで預かってもらうものも含めると相当の分量の荷物になった。

［午後］一〇時前、喜田村弁護士からファックスが届く。月曜日に送った賞罰委員会への回答案に対するアドバイスである。簡潔なアドバイスであった。一方、本社の〇〇君からもメールが届いて、［賞罰］委員会が明日の午後に開かれることになっているので、回答はそれに「間に合わない」ように遅らして欲しいという。時間稼ぎをしろという忠告である。喜田村弁護士のアドバイスに従った修正は容易なものだが、〇〇君の忠告に従って、午後五時ぎりぎりに提出することにしたい。

この日記でわかるように、裁判や賞罰委員会への対応という物理的雑音はまだ消えてはいないが、精神的雑音はほとんどなくなり、高松での生活は実に暢気なものになっていった。

二　暮らしを楽しむ

仕事も部下もない「勤務」（そう呼ぶことができれば）

高松に転勤してから二ヶ月後に仕事と部下がない生活が始まった。先に触れたように、こういう生活に何も問題がないわけではなかった。しかし、それよりも、
仕事がないのだから、仕事のことが気になるはずがない
部下がいないのだから、自分のことだけを考えていればいい
休みを自由にとれる
時間を自由に使える
といった効用のほうがずっと大きい。こういうことを考えただけでも左遷は悲嘆すべきことではないということになる。
左遷に関しては、ある意味で私は初心者ではない。過去二回、左遷まがいの経験をした。二

回とも半ば自分で望んでいったような格好になっているから、表面的には今回の高松赴任とはかなりの違いがある。だが、普通ではあまり考えられない勤務先に配転になって、たいした仕事もせずに数年間過ごしたという意味では、今回と似ている。そのとき、私は目一杯その暮らしを楽しんだ。左遷先で悶々とするということほどつまらないことはない。左遷など滅多にない経験である。そこで何をやるかを熟考し、左遷を楽しんだほうがいい。そう思って暮らした。その経験は無駄ではなかったと思う。

左遷の特徴は、「暇」ということに尽きると言っていい。当局（人事に関する権力を握っている者）がある人間を左遷する目的は、重要な仕事から遠ざけることであり、情報から隔離することである。したがって、暇になるのは当然のことである。左遷される前の環境を考えたら落差は大きい。しかしこれで落胆したら、左遷した当局の目的はほぼ達せられたこととなる。

そのためにも、左遷された場所と環境の中で、一番快適な過ごし方を考えればいい。場所と環境から限定されることにはなるが、考えれば何か見つかるものだ。それまでの友人達がいいヒントやチャンスをくれるかもしれない。それがなければ自分で探せばいい。

その時に心がけたことが二つある。一つは出世を考えないことである。これは精神衛生上極めて効果的になる。元来、道路公団で「出世」ということを考えたことはあまりない。今回の改革が惨めな失敗に終わった原因は多々あるが、一緒に作業をした仲間の一人は、私の「出世欲のなさ」をその一因に挙げた。権力をどう奪取するかの戦略は、権力欲がなくてはたてられないものであって、権力に対する執着が欠けている人間には無理だったとするものである。自分の権益を守ろうとすること、できたらそれを拡大しようとすること、そういう意志がなかったら仕事はうまくいかないという批判でもある。この批判はある程度正しかったと、今でも思う。ただ、人間は権力を獲得し、維持しようとしない限り、困難な仕事の動機付けをすることが難しいかどうかについては疑問がある。人間が何かをしようというとき、名声や権力あるいは富を求めるとは限らない。それ以外にも動機はいくらでもある。注7

注7　まだ民営化委員会事務局に出向していた頃、他の会社で仕事をしている若い知人から「片桐さんがやっていることはかなりリスクが大きいと思いますが、片桐さんは何をリターンとしてこのリスクを取ろうとしているのですか」と尋ねられたことがある。リターンのことを考えたことはなかったから、いささか面食らったが、少し考えてから次のように答えた。

「リターンなんか考えていないよ。いや、全く考えていないというわけではない。ただ、それは結果として何かを得るという意味ではない。テラ銭のことを考えればバクチは全く割に合わないけど、それでもバクチを打とうとする人間は絶えない。彼らは元手を増やすというリターンよりも、スッテンテンになるかもしれないというリスクを負うこと自体に快感を覚えているのであって、この快感がある意味ではリターンなんじゃないかな。私の場合も、リスクを背負うこと自体がリターンといってもいい」。

知人は呆れていた。私は、別に粋がっているわけでも何でもないが、少なくとも、「名誉、権力、富」をリターンとして考えたことはない。リスクを負うことそれ自体以外に何か目的があったかを探すとすれば、「小さなアリに過ぎないリス企画でも巨象＝道路官僚に立ち向かえるかもしれない。そうしたら、これはリスクをとるに十分値する」と考えたことくらいである。実際、取材活動のなかで知り合いになった何人かの記者からは、道路公団改革の失敗がハッキリしたあとになって、「改革は失敗したけれど、片桐さん自身はさんざん楽しんだから、もう十分でしょう」と言われたことがある。返す言葉がなかった。

もう一つは、左遷されたことにこだわらないということである。それは、もう「過ぎた話」である。そんなことにこだわっていても何もならない。ただし、そのことは左遷の原因となった仕事あるいは課題を放棄することではない。左遷によってそれまでの活動の場から遠ざけられたとしても、できることはいくらでもある。また左遷がいつまで続くかは、人事権を握っている人間を巡る権力関係で決まることであり、自分の力だけでどうなるものでもない。いや、どうにもならないことの方が多いと言った方が適切だろう。そうであれば、左遷されたことにこだわるのではなく、左遷された環境をうまく利用する方がはるかに賢明である。

まだ副支社長を解任される前のことであるが、私はそんな風に考えて、次のような転勤の挨拶を書いた。

拝啓

ご無沙汰いたしております。

六月一日付けで日本道路公団四国支社（在高松）に転勤になりました。昨年六月から計算すると、一年間で三回目の転勤です。これだけ目まぐるしい転勤は初めての経験です。

高松への転勤については新聞報道ではいずれも「左遷」となっておりますが、この数年来の日本道路公団総裁（藤井治芳氏）との関係、公団の民営化を巡る同氏との考えの食い違いを考えれば、ある意味では当然の結果であろうと考えております。

「しばらく四国でのんびりしろ」との配慮と理解するか、「東京に戻りたかったら、辞表を書け」ということと考えるか、難しいところです。別段、四国で暮らすことが嫌なわけでもなく、辞表を書く気もありませんが、週刊誌（週刊文春、週刊ポスト）で作家の猪瀬直樹氏に（私が四国に飛ばされたのは）「利権争いの権力闘争に負けた結果にすぎない」と罵倒されているのを見るのは、やはりあまり気持ちのいいものではありません。その意味では、こういう言いがかりに腹を立てずに済むようになるまで頭を冷やすための配転だと考えるのが一番いいことかもしれません。

いずれにせよ、騒然たる環境を離れ、少しは時間的余裕もできそうですので、もう一度、本の埃を払い、静かに机に向かう生活をしてみようと思っています（私を心配しておられる多くの方たちからも、そうしろとの忠告を受けました）。実際、ここは穏やかな風土で、のんびりとした時間が流れています。そのゆったりとした時間の中で好きな本を読んで暮らせるのではないかと、楽観的に考えています。

ただ当分、家内が一人で千葉に残ることになりますので、何かとご厄介になったり、ご面倒をおかけしたりすることがあろうかと思います。恐縮ですが、宜しくお願いいたします。転勤のゴタゴタと、高松に来てもなかなか消えない「雑音」とに振り回されて、すっかり挨拶が遅くなったことをお詫びします。

鬱陶しい梅雨空が続いています。御自愛専一にお過ごし下さい。

敬具

二〇〇三年七月七日

初めての単身赴任先であった仙台でも、私は「この街の水も空気も私にあっている」と書いたことがあるが、それもどうも、ひどく暇だったことが理由の一つだったような気がしてならない。そして高松では生活はもっと暇である。そんな暮らしが楽しくないはずがない。そう考えた。

高松という町

岡山県・宇野と高松を結ぶ宇高連絡船のあった頃は、高松は四国の玄関であった。私も一六歳の時以来、何度か連絡船で高松にやってきた。潮風に吹かれながらデッキで安いうどんをすすっていると、「ああ、ついに本州ともしばらくお別れだ」と実感したものである。その連絡船がなくなって久しい。四国に入るのに船を使って高松に上陸する人はめっきり少なくなった。車だったら、鳴門、坂出、今治の三ヶ所が使える。それよりも最近は飛行機であろう。四国四県それぞれに空港もある。

それなのに高松が昔は四国の玄関口だった関係で、中央官庁の出先機関の多くが高松にある。四国電力とJR四国の本社も高松にある。ただ、それが地域経済にとって何か意味があるとは思えない。「坊ちゃん」の松山、「阿波踊り」の徳島、「坂本龍馬」の高知と比べても、今一つパンチに欠ける。

高松に「欠けているもの」はいくらでもある。一番の「欠けているもの」は水であろう。幸い、高松勤務中は被害に遭わずに済んだが、高松は慢性的な水不足に悩んでいる。高知県にある早明浦《さめうら》ダムが事実上唯一の水がめである。高松で出されている『四国新聞』は毎日、早明浦ダムの貯水率を掲載している。最初はなんで毎日貯水率が掲載されるのか理解できなかった。

そのうちに、このダムが香川県のほとんど唯一の水がめで、しかもここから取水できる量に複雑な制限があることがわかった。日本人は水と安全はただだと思っている——よくそう言われる。私もそうである。しかし、そうは思っていない日本人も少なからずいる。少なくとも高松の人たちは、水に関しては、無尽蔵のものとは決して思っていない。

生活の基礎中の基礎である水の確保に絶えず神経を使っているからといって、高松の人が厳しい性格の人たちかというと、これがまるで違う。歯がゆくなるくらいのんびりしている。のんびりしているからパンチに欠けるということになる。パンチに欠けるということは、観光の点からはいささか問題がある。しかし、この街に住むとなると、この問題点は実に結構なことになる。遠来の客がどう思おうと、いやそんな客が来ようと来まいと、住んでいる人間にとって良い街であるほうが遥かに重要だ。高松の人たちはそう思っているのではないか。

高松の街の中に「たぬき横丁」という名前の小さな通りがある。私が高松で最初に知った横丁である。前任者との引継ぎのために、五月の末に飛行機で高松に向かった。その際に機内に置いてあった雑誌でこの通りのことを知った。書きぶりからはずいぶんと味のある横丁のようだった。着任してすぐに職場の人間にこの通りのことを尋ねた。知っている人間は数人しかいなかった。

「たぬき横丁」に楽に歩いていける場所に住んだ。何回か朝飯を食べにこの横丁にでかけた。

実際、風合いのある良い横丁であった。雑誌が高く評価した理由もわからないではない。同時に、職場の人間がろくにこの横丁のことを知らない理由もわかった。高松のどこにでもある横丁の一つなのだ。取り立てて騒ぐほどの横丁ではない。よそ者が騒ごうが、どうでもいい話だ。そういうことらしい。

せっかく「たぬき横丁」という名前があるのだから、もうちょっと売り出せばいいのにと思うのも、地元の人達には理解できないことなのかもしれない。「たぬきがどうかしたのか」と言われるだけであろう。太三郎狸を知らないのかと聞きたかったが、聞けるような雰囲気さえなかった。

源氏と平氏の戦いで知られる屋島は市街の北東にあり、格好なハイキングの場所である。この屋島さえ、そんなところにわざわざ行って何をするんだという雰囲気が地元の人達にはある。山頂は瀬戸内の夕陽を見るには絶好のポイントではないかと思うのだが、行く人間はまばらである。最近は山頂のホテルやみやげ物屋は、開いている店よりもシャッターの下りている店のほうが多い程だ。

この屋島の山頂に屋島寺がある。四国霊場八十八ヶ所の一つであり、ここだけは八十八ヶ所廻りの巡礼の姿が絶えない。その一角に大きな狸の石像がある。ジブリアニメの名作『平成狸合戦ぽんぽこ』を見ていれば覚えておられるかもしれないが、屋島の太三郎狸は、佐渡の団三郎狸、淡路島の芝右衛門狸と並ぶ、日本の三大狸の一人（一匹？）である。高松はその太三郎狸の見下ろす街でもある。

そんな著名な狸がいるというのに、これを資源にしようというつもりはまるでない。太三郎狸の話題を街の中で聞いたことは一度もなかった。太三郎狸横丁か太三郎小路くらいあってもいいんじゃないかと思うが、そんなものはない。空港の土産にもない。それに引き換え、菊池寛の名前はよく聞いた。菊池寛通という名前まである。よく見れば、菊池寛の風貌もどことなく狸を髣髴とさせる。菊池寛と太三郎狸をドッキングさせれば、いいキャラクターができるのにと思ったが、菊池寛があまりにも偉大すぎて、狸フゼイとは一緒にできないということかもしれない。

遠出することはあまりなかったが、この太三郎狸にだけは数回会いに行った。いつも名前をすぐに忘れてしまい、いささか申し訳ない気もしたが、ばかでかい「八畳敷き」をこれ見よがしにして立つその風貌には心が和んだ。何回か会ううちに、あんまり知られるのも考え物だと思うことにした。訳のわからない連中の手垢に汚されるよりは、ここでのんびりしていたほうがいい。大体が銅像を建てられると、いつか引きずり倒されるものだが、銅像ではなく、石像だから、世の中が変わっても引きずり倒されることもあるまい。そんなことをつぶやいていると、太三郎狸がニャっと笑ったような気がした。高松に住んでいるうちに、私もまた、よそ者のことを気にせず、自分のペースで生きていくという生き方に親しむようになったようだ。

時間が後先になったが、ともかく私はこの太三郎狸の見下ろす瀬戸内の、のんびりとした港町で暮らしを始めることになった。

繁華街に住む

転勤の内示をもらってすぐに、前任者との引継ぎと宿舎の選定のために高松に行った。支社に着くと、宿舎の候補が五ヶ所ほど選んであった。担当者からは「セキュリティーを重視して選びました」と説明を受けた。地方勤務は仙台で二回経験しているが、「セキュリティーの重視」を宿舎の選択基準にしたという話は聞いたことがなかった。理由を尋ねた。

「マスコミが追いかけてくることが考えられます。そのためにセキュリティーは重要かと思います」

これが担当者の答えだった。そんなことをして何か意味があるのかと首を捻ったが、気を遣ってもらっているだけで有難いと思うことにした。

こういう限定をかけた上に、四月とか八月といった異動のシーズンでもなかったため、宿舎の候補はそう多くはなかった。それでも担当者は四、五ヶ所を案内してくれた。住む場所にあまり好き嫌いはないから、仕事場に一番近いという理由で、百間町のマンションに決めた。

　宿舎の候補を見て回ったのは、当然のことだが、昼日中であった。それもあって、百間町がどういうところなのか、まるでわからなかった。このマンションを宿舎候補にした担当者も、多分遊びをあまり知らない真面目一方な職員だったようだ。あとで、知り合いになった高松の人たちに、「百間町に住んでいる」というと、一様に怪訝な顔をされ、「どうして、そんなところに住んでいるのか」と必ず聞かれた。

　昔のことはよく知らないし、調べもしなかったが、今の百間町は歓楽街である。マンションの近くには「風俗」営業の店が並んでいた。かつては花街だったのかもしれない。住まいの近くに、高松の旧市街の一番の繁華街である丸亀町があった。住まいの前の通りを西にまっすぐ行くのだが、四〇〇メートルもあっただろうか。この四〇〇メートルを通り抜けるのが結構大変だった。この通りを何回往復したか覚えていないが、土曜も日曜も含めて、通ると必ず客引きの兄ちゃんから声をかけられた。例外はカミさんと一緒の時だけだった。

　これを別にすれば、地方都市の歓楽街に住むというのは実に便利なものである。歓楽街といっても住宅がすぐそばまで迫っているし、繁華街も近い。だから、スーパーマーケット、コンビニ、クリーニング屋、銭湯、すし屋、ラーメン屋、郵便局、本屋、文房具屋、雑貨屋そして飲み屋といった生活必要施設は全部、這ってでもいけるところにあった。

なによりも酔っ払った時が楽だった。よく行く飲み屋が一〇〇メートル以内に数軒あった。これはもうほとんど自宅で飲んでいるのと変わりがない。なんでこの便利さを評価しないのであろうか。どうせ「風紀が悪い」とかいうのだろうが、客引きの兄ちゃん以外に、「風紀」のことが気になったことがない。お前が鈍感なだけだと言われるかもしれないが、何回か高松にやってきたカミさんもまた、この住まいがすっかり気に入った。カミさんから「風紀」がどうのという話は聞いたことがない。歓楽街で遊ぶということと歓楽街で住むということは別のものであろう。

客引きの兄ちゃんの声よりも気になったのは、すぐそばを通る私鉄（琴電）の踏切の警報機の音だった。琴電はＪＲの高松駅前から金毘羅神社のある琴平町までをのんびり走る。高松駅前の始発駅「高松築港」を出た電車が最初に止まるのが「片原町」。その隣が「瓦町」。琴電で一番乗降客が多いのが、この「瓦町」駅である。「片原町」と「瓦町」の間は八〇〇メートル足らずだが、人家の密集地区であり、繁華街もそして私が暮らしたマンションもこの両駅の間にあった。平面交差専用軌道の琴電はこの僅かな距離の間に一〇個の踏切を渡る。踏切の間隔は平均して九〇メートルである。電車が通ると、この踏切の警報音が次々と鳴る。私の部屋はマンションの最上階、一〇階であったから、この警報音が実によく響く。この警報音は想定外であった。百間町に引っ越した最初の夜、この警報音を聞きながら、「これは困ったことになるかも知れない」と思った。

しかしこれも、地方の小都会の私鉄の実態を知らない取り越し苦労であった。当時の時刻表を見ると、「高松築港」駅の始発が午前六時、同駅を出る終電が午後一一時一五分である。朝の四時頃から、深夜の一時過ぎまで動いている大都会の電車とはわけが違う。それに休日以外は日中は仕事場に出かけて宿舎にはいない。すぐに警報音は気にならなくなった。というより、一日のメリハリをつけてくれるいい合図になった。夜は踏切の警報音が聞こえなくなると、「ああ、もう一一時を回ったか」と思い、床につく準備を始め、朝はこのかん高い音が聞こえると、「おっ、六時になったか。本を読めるのもあと二時間くらいだな」と見当をつけた。

真下を走る琴電の電車を見るのも楽しかった。朝の通勤時間帯は四両編成もあったが、それ以外はたいていが二両編成だった。それが街の中をゆっくり走っていくのを見ていると、こっちまで気分がのんびりしてくる。

セキュリティー優先で選んだと担当者は言っていたが、それにしても部屋は広かった。これも気分がゆったりするのに効果があった。正確に測ったわけではないが、多分八〇平方メートルは超えていたと思う。南に面して三室、北側に一室あった。ここで普段は独りで暮らすのである。前にも触れたように、荷物はほとんどなかった。

単身生活の一番のコツは、自分の苦手なことはしないということだと前に書いた。高松でも仙台と同様に、苦手なことはしなかった。朝食も含めて食事は外食ばかりだったし（これについては後述）、お茶さえ滅多に宿舎では飲まなかった。

風呂はあったが、シャワーを浴びるため以外に使ったことはまずなかった。風呂はたいていすぐ近くの銭湯で済ませた。古びてはいたが、私にとっては下駄ばき（サンダル履き）で気が向いた時はすぐに行ける恰好の銭湯であった。その銭湯の横に「みしま寿司」という小さな寿司屋があった。銭湯が隣にあることとは関連はないと思うのだが、生ビールとのセットメニューがあった。大きなジョッキのビールとつまみ数品、それに軽めのにぎり寿司がセットになっていた。湯あがりにビールを飲んで、寿司をつまんでいい気分で帰る。銭湯代も含めて、二〇〇〇円もあれば足りる。内風呂を使う気にはなれなかった。

高松に行ってからすぐに、カミさんは自分が使うつもりで、アイロンとアイロン台を持ってきたが、私がこれを使ったことはなかった。下着以外の洗濯ものはことごとく数軒先のクリーニング屋に持って行ったし、下着にアイロンを当てる趣味はなかったからだ。カミさんに言わせると、このクリーニング屋よりもっと料金の安い店が近所にはあるというのだが、私は一番近いこのクリーニング屋を使った。近さには換えられないと思ったからだ。カミさんは私のこうした暮らしを、「贅沢だ」と文句を言っていたが、当の本人も高松に来た時は、同じような暮らしをしていたから、文句を言われる筋合いではない。

どうにもならないのが掃除だった。これがまた苦手中の苦手だった。二週間に一回程度、それも四角い部屋を丸く掃除機をかけてお仕舞にする位のことしかしなかったが、それでも苦痛であった。この点では部屋が広いというのは楽しいことではない。水周りを除いて四部屋も掃除機を持って回っていると、それだけで気が滅入ってしまい、留守宅で毎日隅から隅まで雑巾代わりの軍手をはめて埃を落としながら掃除機をかけているカミさんは一種狂的な掃除マニアではないかとさえ思った。

使う部屋を限定し、使わない部屋は掃除をしないという手抜き方法を考えたこともある。これは、掃除をしない部屋から埃が飛んでくる状態になり、すぐに音をあげた。家庭内の電化が進み、家事がこれだけ楽になったというのに、放っておけば埃を吸い込む羽目になるような状態をなぜ改善できないのか。掃除機を改良する前に、掃除が不要になるような「部屋全体の埃・ごみ等自動集塵機」がなぜ開発されないのか。電器メーカーの怠慢ではないか。いつもそう思った。高松の暮らしでいやな記憶はほとんどないが、唯一の例外がこの掃除だった。

掃除のことさえなければ、部屋が広いというのは便利なものだ。南に面した三室を、寝室、居間、読書室とした。普段はこれで十分である。ただし休日はよく北側の部屋で過ごした。椅子とテーブルは高松で安いものを一揃い買ったが、これは普段は飲食用に食堂兼用の居間に置いてあった。それを休みの日になると北側の部屋に運んだ。

この部屋からは瀬戸内の海が見えた。これを見ているとまた、気分がゆったりとしてくる。昔から川でも湖でも海でもいいから水を見ていると気分が静まった。だが高松に来るまでは、水を見ながら暮らすとか、仕事をするとかいう経験は残念ながらなかった。高松では、宿舎ばかりでなく仕事場でも海を眺めることができた。仕事場は港湾地区にあった。隣には造船所（四国ドック）があった。ある時そこで、生まれて初めて進水式を見た。台湾の会社が発注した三万五千トン級の大型のバルクキャリアー（穀物やセメントなどのバラ積み貨物船）の進水式であった。近くで見るとやはり大きい。造船所としてもこれまでに作った船の中で最大の船だという。滑り止めを外され、するすると海の中に滑り落ちていく光景は豪快である。進水式の晴れやかさを実感した。

仕事場でのんびりと新聞や本を読んでいても、息抜きをしたいと思うことがある。そういう時、窓から海を眺め、あるいは海岸まで歩いて行って、潮風にあたるというのは実に気分がいい。

休日の昼、北側の部屋に椅子とテーブルを運び、文庫本と缶ビールを用意し、ときどき海を見ながら過ごすというのは贅沢の極みであった。特に雨の日がいい。雨に曇る瀬戸内の海を見ながらビールを飲む。雨の音が子守唄になる。たいていは途中で眠ってしまう。本などはまるで読み進まない。それでも充実した気分になる。

もっともすぐにカミさんがこの北側の部屋の素晴らしさに気づいた。カミさんは「あなたは南の部屋を三室も勝手に使っている。だからこの北側の部屋は私の高松での部屋にする。だから、勝手に使うな」と言って、決して私が使うことがないアイロンとアイロン台を含む自分の身の回りのものを置いてしまった。カミさんは私を会社に送り出したあと、この北側の海の見える部屋でのんびりと自分の時間を過ごした。したがって、カミさんが高松に来た時は、この一番いい部屋の利用権を奪われるということになる。高松から東京に戻る時はこういった小物は押入れに片付けて帰ってくれたが、留守宅に戻ったあとも電話をよこしては、「北側の私の部屋は散らかしたり、汚したりしないでよ」と注文を付けた。

カミさんは海の見えるこの気持ちのいい部屋でのんびりと過ごし、気が向けばサンダル履きで、すぐ近くにあるデパート、三越高松店に出かける。琴電の踏切につかまりさえしなければ、ものの五分である。カミさんはこのロケーションをひどく喜んだ。たいした買い物をしていたわけではないが、四六時中出かけていた。「一体何の用があるんだ」と聞くと、「あなたが用もないのに古本屋に行くようなものよ」という答えが返ってきた。

結局、夫婦してこの住まいで実にいい思いをした。土地の人たちからは不思議がられたが、単身でも夫婦二人でも、繁華街に住むというのは想像を越えた便利さがある。掃除以外で不自由な思いは全くなかったが、その理由の一つは繁華街の、それも海の見える部屋に住んだためではないかと、今でも思っている。

車に乗らない生活と運転マナーの悪さ

街の真中の歓楽街に住んだ。だから普段はどこへでも歩いて行った。ほとんど唯一の例外は職場との往復だった。もっとも、昼休みや休日に職場まで何度か歩いたこともある。歩いても二〇分程度の距離である。だから苦にはならなかった。しかし、「セキュリティー上の問題」から住まいと職場との往復は車を使うことを命じられた。「歩いている時に取材でも受けたら大変ですから」というのが理由である。たしかに部屋に押しかけられる可能性があるのであれば、通勤途上に取材記者と遭遇する可能性もあるわけだ。それで、車で五分の距離を毎日送迎してもらった。しかしよく考えたら、休日に街をフラフラと歩いている時に取材を受けたら一体どうするんだろう。どうも「セキュリティー」云々というのはよくわからない理由だった。

日中は、昼飯をとるために職場の近くに出るだけであとはずっと机に座ったままだから、運動不足もはなはだしい。高松で暮らすことになった時は、自転車くらい買おうかとも思っていたが、それだといよいよ歩かないことになる。それで自転車もよして、どこへでも歩くことにした。

車、自転車なしで困ったことはほとんどなかった。日常の生活は五百メートル圏内で用が済んだ。ちょいちょい出かける中では、市立図書館と香川大学が結構距離があった。それでも休日などに出かける時は歩いた。疲れたら休む場所は至る所にあった。

高松の街は戦争で焼かれている。焼かれた街はどこもそうかもしれないが、街並みはすっきりとしている。私が歩いて回った範囲はあまり広くはないが、ほとんど「碁盤の目」に近かった。散歩していて自分が今どの辺にいるか、あるいは北を向いているのか、東に向かっているのか、迷うことはなかった。

ただ、目的を決めて歩くと話は別である。いや、逆になるといったほうがいい。同じような通りが整然と続くので、時折自分がどの通りにいるのかわからなくなることがある。特に夜はそれがひどくなる。飲み会の場合は、一次会は大体誘われて行くことが多いから、一緒に行けばいい。困るのは二次会以降である。店だけ決めて、バラケて三々五々行くこともあれば、何かの都合で、一人でその店に行かなければならないこともある。そうなると、どこの通りにあるのか、見当がつかなくなる。最後まで、夜の飲み屋街は迷いっぱなしであった。

ほとんどの所に歩いて行けた理由は他にもある。街が平坦だということと屋根付きの歩行者用道路がやたらと多かったことだ。街の北にある海から南に向かって多少の標高差はあるのだろうが、歩いていて傾斜が気になったことはない。普段自分が歩く範囲内はほとんど平坦だった。道が平坦であることは想像以上に歩くのを楽にする。そして車が通らない通りがあるということは歩いて不安感がない。のんびりと歩ける。おまけに歩行者用通路はたいてい大きな屋根で覆われているから、雨の日でも傘なしで天気を気にすることなく歩ける。歩くのにこんな好都合なことはない。

歩くのに都合がいいということは自転車に乗るのも具合がいいということになる。そのせいであろう、この街はやたらと自転車が多かった。こんなに自転車が多い街もあまり記憶がない。一番印象に残るのは、その自転車のマナーの悪さである。週末は人の出も多少は増えることもあり、繁華街は自転車に乗って通り抜けることは禁止になっているのだが、そんな規則を守っている市民はほとんどいない。だから随分とヒヤリとしたこともあるし、小さな事故を目撃したこともある。

みんな不快な思いをしているんじゃないかと思ったが、地元の人たちからは苦情を聞いたことがなかった。慣れっこになっているのであろう。会社までの送り迎えを担当してくれたドライバーは愛媛の出身であった。彼は、「車を運転していても、高松の人の運転マナーはひどい」とこぼしていた。「特に自転車に乗っている人間がどうしようもない」というのが彼の嘆きであった。警察の関係者に言わせると、高松を含めた香川の人たちは自転車に乗っているつもりで車を運転する。その自転車の運転がまた乱暴だから困る、ということになる。

これは合点がいった。そして、「これは直らない」とも思った。理由は自動車の通れない通路がやたらと多いからだ。自転車に乗る人間が注意をするのは歩行者ではなく、自動車である。自動車にぶつかったら自転車のほうが圧倒的に弱いからだ。車道では自転車に乗る人間は慎重になる。自転車・歩行者専用通路においては、自転車乗りが慎重になる理由はない。自転車のほうが人より強いからだ。したがって自転車・歩行者専用通路がやたらとあったら、自転車乗りが乱暴になるのは当然であろう。その延長で自動車の運転も乱暴になる。煎じ詰めれば、平坦で自動車の通行が禁止されている通路が多いことが、自動車の運転が乱暴になる根拠だというこことになる。「風が吹けば桶屋が儲かる」の類の話という気もしないでもないが、日ごろは穏やかな高松の人たちが自動車に乗ると人が変ったようになる理由はそれくらいしか思いつかない。

知り合いに遭遇する生活

高松の繁華街は狭い場所にかたまっている。知り合いに出会う可能性がそれだけ高くなる。あとで触れるが、気分転換の読書に最適な場所が、知人に出くわしてしまうという理由から必ずしも使い勝手のいい場所ではなくなってしまう。そしてこれは読書のための場所だけに限らない。夜の街を歩いていても、何度となく知り合いに出会う。お互いに行くところが決まっていて、それが狭い範囲内にあるからだ。別に会うことがまずいというわけではないが、「群衆の中の孤独」を味わいたいこともある。こういう時に知り合いに会うというのは、気分を損ねてしまう。

もうそんな時代は遠くになったが、恋人と静かに話をしたい時に、友人にその現場を見られてしまうことに、これは似ていなくもない。若い人たちは、今は多くが車で「動く密室」を作るのであろうが、車の中は、恋を語り合う場所としては、静かな喫茶店や潮騒だけが聞こえる浜辺には遠く及ばない。そういう場所ではできたら顔見知りには会いたくない。古い人間としてはそう思えてならない。

散歩にも気を遣うということになった。ある週末の昼下がり、食事をしたあと、腹ごなしに散歩をした。どうしてそんなところに行ってしまったのか、理由はさっぱりわからないのだが、ブラブラと歩いているうちに飲み屋街にでてしまった。夜の飲み屋街とは随分と雰囲気が違うなと思いながら、キョロキョロしていたら、突然目の前に年配の女性が現れた。数日前に飲みに行った酒場の女将であった。思わず尋ねた。

「女将さん、なんでこんなところにいるんだ」

「ここは私の店だよ。掃除に来たんだよ。あんたこそ、真昼間のこんな時刻になんでここにいるのよ」

飲み屋街そのものが疲れ果てて眠っているようなこんな時間にほっつき歩いている私の方がたしかに変なのだ。別に飲み屋街を散歩しようと思っていたわけではない。散歩していたら飲み屋街に出てしまっただけのことなのだ。「いや、ただの散歩なんだ」と答えたが、とても信用される雰囲気ではなかった。怪訝そうな眼差しを背中に感じながら、すごすご宿舎に帰った。その後しばらく、知り合いと会いそうな飲み屋街を歩くのは控えることにした。

こういうわけで、高松ではいつも知り合いに出会う可能性を考えながら動かざるを得なくなった。しかし、問題はそれだけではなかった。私の場合は、高松に行った事情が事情だけに、こっちは向こうを知らないが、向こうはこっちを知っているという状況が生じていた。だから、自分の行動が見知らぬ誰かに見られているという可能性が出てきた。これは初めて行った飲み屋で、カウンターの向こうから「あなた片桐さんでしょう」と何回か言われたことで実感した。

夜の繁華街でも行動範囲は極めて限定されることになり、特定の数軒以外には足を踏み入れないということになる。繁華街に住み、周囲には無数の飲み屋がありながら、行く場所は限定されるという奇妙なことになった。別に酒がそう好きでもなく、酒場の女性と会話を楽しみたいというつもりもなかったから、これで困ったというわけではないが、繁華街を人の目を気にしながら歩くというのは、楽しいことではなかった。それで、これも「おとなしく部屋で本を読んだほうがいい」ということであろうと考えることにした。

うどんを食べる

麺類が好きである。ソバが一番好きだが、ラーメンもうどんもやはり好きである。仙台で勤務していた頃は、東北の各地でソバを食べ歩いたが、今度は「讃岐うどん」の本場での生活である。本を読む以上に「讃岐うどん」を堪能した。

「讃岐うどん」は、最近はある種のブームのようなものになって、遠方からバスを仕立てて来る観光客もいるほどだ。こうした観光客がどれほどのお金を讃岐にもたらしてくれるのかははっきりしないが、遠路はるばると出かけてくる理由は実によくわかる。なにしろどこで食べても旨いのである。東京あたりでは、うどん屋の味は千差万別で、「はずれ」のような店が結構あるが、讃岐ではまず「はずれ」はない。かりにそんな店があったら、すぐに淘汰されてなくなってしまう。讃岐でまずいうどんを食べるのは、お御籤で「凶」を続けて二回、三回と引く数倍の難しさがある。私自身は一年間食べ歩いて何軒のうどん屋に入ったか数えきれないが、ついに一軒も「はずれ」には当たらなかった。ある日の日記には次のように書いてある。

今日もうどんの食べ歩きに行く。第五回目である。今回は高松市内のセルフサービスの店、三軒。前回行きそびれた「中西」でまず一杯目。そして県庁近くまで戻り、「さか栄」と「竹清」で、二、三杯目。いずれもそれぞれに旨かった。どこも混んでいたが、混む理由がわかる。その上三軒回っても要した費用の総額は五六〇円（順に、一八〇＋一五〇＋二三〇：竹清では九〇円の天麩羅を含む）である。この異常な安さは何回行っても、どこを回っても不可解である。

店名を覚えているのは上記の三軒のほかには、市内の「池上」、「あたりや」、「上原総本店」、屋島の「山田屋」と「わら屋」、坂出の「蒲生」と「山下」、綾南町の「山越」と「中村」、満濃町の「やまうち」と「長田」、さらに近所の「うどん市場」くらいのものだが、とにかくむやみやたらとうどん屋が多かった。住まいの近くにも、職場の周辺にも、至る所にうどん屋はあった。

このやたらと多いうどん屋の競争がうどんの味を維持し高めているのであろう。営業時間も値段もやはりこの競争が原因かもしれない。高松市内、市外を問わず、個々のうどん屋の営業時間はそう長くはない。いや、商売という観点からは極端に短い店さえある。午前一一時半に開店して、午後一時には閉店する店さえある。しかし、それぞれのうどん屋の営業時間をつなぎ合わせれば、早朝から深夜まで、どこかでうどんは食べることができる。朝起きがけにうどんを食べ、昼飯もうどんで済ませ、夜酒を飲んだあとで締めくくりにラーメンではなくうどんを食べるということも高松では珍しくなかった。それほどうどんが人々の生活に浸み渡っている。

「旨い」ことが必要条件であるが、それだけではここまでにはならない。「安さ」が必要である。勤務の合間もうどん屋に立ち寄って昼食をとることがしばしばあった。一緒にうどん屋に行ったドライバーは、「自分は一杯二〇〇円を超えるうどんは讃岐のうどんとしては認めません」と言っていた。今の東京では一杯二〇〇円以下のうどんなど宝くじに当たるようなものだが、讃岐は逆なのである。パスカルは『パンセ』で「ピレネー山脈のこちら側での真理が、あちら側では誤謬である」と言っているが、うどんの価格に関しては、箱根の東と瀬戸内海の南では「真理が誤謬になる」くらいに違う。

赴任後初めてカミさんが高松に来た時、到着したのが丁度昼近くであった。せっかくなので名物のうどんを食べようということになり、宿舎近くのごくありふれたうどん屋に入った。高松のほとんどのうどん屋がそうであるように、この店も「セルフサービス」方式の店であった。最初にお盆をとって、うどんを注文する。たいていは暖かいのか冷たいのかの区別とうどん玉の個数だけをいえば、その注文に従って、うどんの入ったどんぶりを渡してくれる。店によってはこのうどん玉を自分で好みの堅さにゆでる場合もある。そしてカウンターに並べられた惣菜の中から好きなものを取っていく。ただし、これは「トッピング」とは違う。ネギ、ショウガ、ゴマの類や稲荷寿司、油揚げ、卵といったありふれたものだけでなく、味付けした肉、おでん、冷奴といったものまである。天ぷらも、季節の野菜の他に、ダシに使ったあとの煮干し、瀬戸内海でとれたイイダコ、甘いうずら豆の煮物を揚げたものまであった。銀シャリのご飯と味噌汁があれば、「定食屋」とそう変わらない店さえある。

朝、羽田を出るのが早くて腹がすいていたのか、カミさんは随分いろいろな物を自分のお盆に乗せた。私もその日は朝食をとっていなかったので、普段よりも多めに惣菜を取った。カウンターの最後で支払いをする。カミさんは「二人一緒で勘定してください」と言った。店員の告げた額は二人分で九〇〇円に満たなかった。私は既に何回か高松のうどんを食べているので、「こんなものだろう」と思ったが、カミさんは違った。「二人分合わせて支払いますから、私の分と後ろの夫の分を合計してください」と頼みなおした。店員は「ええ、合計の金額です」と答える。

カミさんは関東の価格水準が頭から抜けないから、「二人ともこんなにいろいろな惣菜を取っておいて、一人当たり四五〇円にならないなんて、ありえない」と思い込んでいる。カミさんは「こんなに取ってこの料金ですか」と怪訝そうに言うが、店員は「うちはこの価格なんです」とぶっきらぼうに答える。値段が安過ぎるといってクレームをつけられたのでは店員もたまらないであろう。

カミさんは最後まで計算が違うのではないかという顔をしながら、支払いを済ませた。そして、お盆を運んで座ったテーブルで、まずこう言った。「あなた、こんなに沢山いろいろなものが置いてあって、しかもこんなに安いんだったら、自分で料理を作るべきではないわよ。いつもここで食べればいい」。私には何より混じりっ気のない銀シャリが必要不可欠なのだが、残念ながら、うどん屋には通常それが置いてないという大きな問題があった。このことを別にすれば、カミさんの言う通りであった。

私が行ったうどん屋の中で一番安いのは、生醤油うどん七〇円というものだった。自宅で作ったとしても、七〇円であげるというのは結構難しい。もっとも、こういう価格で提供できるのにはそれなりのわけがある。前述の日記では「不可解だ」としたが、実は不可解でも何でもない。簡単な原価計算をすればいい。多くのうどん屋では設備投資はほとんどゼロか、あっても極めて微小である。作業場あるいは小屋をそのまま使うか、ほんの少し手を入れただけのものが結構多い。だから椅子のないうどん屋も出てくるし、看板がなくて店がどこにあるのかわからないということも生じる。

従業員などというものも存在しない。家業でやっていて、家族労働だけというのがいわば基本である。なかには後期高齢者とおぼしき老人だけでやっているところもある。だから従業員に支払う賃金というものもほとんどいらない。賃金が必要だとしても、近隣のおばちゃんのアルバイト代程度である。このことが、うどん屋では「セルフサービス」を基本とする理由でもある。こうなると、原価を構成するのは小麦粉と水と醤油等の若干の調味料の代金がほとんどだということになる。

こういう原価構成なのだから安くできるに決まっている。その上大体が最初から「営業」を目的として始めたわけではないから、大きな利益を得る必要がそもそもない。つまり利益率を考える必要がない。原材料費を賄って、その上で生計を支える程度のものが残れば十分なのだ。これが讃岐うどんの安さの理由である。

もちろん、繁華街にはこれとは原価構成や営業の目的が全く違っている店もある。そういう店は当然価格はある程度高くなる。しかし、安い店があちこちにあるなかで、原価構成の違いを理由に値段を極端に高くすることは無理である。価格には「上限の圧力」が加わる。ここでは、現代資本主義では希少なものになってしまった「完全競争」がまだ健在である。

「讃岐うどん」は注文すれば瞬時に食べることができるという意味ではファストフードそのものである。それが極めて安い価格で食べられるということはうどん好きにはありがたい話であるが、競合するファストフード店には迷惑な話である。仮にうどん一杯が一〇〇円とすると大盛りにしても一五〇円、天婦羅を一個乗せても二三〇円以内であろう。これで腹は一杯になる。これでは牛丼もカレーライスも競争にならない。ハンバーガーは単品ならば競争できるかもしれないが、この場合はどうしても飲みものが欲しくなるから、そうしたらもう勝ち目はない。

高松に着いた時、牛丼屋とハンバーガーショップが極端に少ないことに疑問を持ったが、うどん屋を食べ歩いているうちに、ほんの数軒でも牛丼屋とハンバーガーショップがあることの方が疑問になった。全国チェーンの意地かプライドで、赤字覚悟で営業を続けているのであろうか。繁盛している様子は感じられなかった。私自身、高松ではついに牛丼もハンバーガーも食べることはなかった。

市民の誰にとってもこれがいいというわけではないかもしれない。ハンバーガーショップは高校生たちにとってはハンバーガーを食べるだけでなく、安い喫茶店の代わりになると聞いたことがある。安い価格のハンバーガーとコーヒーを頼むだけで、あとは長時間粘ることができるからであろう。うどん屋ではそれは不可能である。食べ終わったら、食器の乗った盆を返して、すぐに店を出ていくことになる。だから、ハンバーガーショップのない高松の高校生たちはゆっくりと友人と話をする場所をどうやって見つけるのか、随分と気になった。しかし高校生と接触することはなく、これは疑問のまま残ってしまった。

私個人にとって大きな問題だったのは、先にも言ったように、うどん屋には銀シャリと味噌汁が置いてないことだった。私は麺類が好きであるが、長年の習慣で、朝食だけはどうしても銀シャリと味噌汁を食べることにしていた。銀シャリと味噌汁がなくてはどうにもならない。それがうどん屋にはないのである。何でも置いてある高松のうどん屋にどうして銀シャリと味噌汁が置いてないのか。味噌汁の代わりにうどんの汁、銀シャリの代わりに稲荷寿司で十分ということなのだろうか。

高松とうどんは、日本と寿司のようなものである。日本から寿司がなくなったら、一体どういうことになるのか想像もつかないが、高松のうどんもそういうものだ。やたらとそれを提供する店舗が多い。どの店でも大体旨い。いくら食べても飽きない。これは寿司と同じである。しかし寿司とは決定的に違うものもある。価格の安さである。だから誰もが安心して食べられる。間違っても「時価」などという客を馬鹿にしたようなことはしない。

最近では東京でも「讃岐風うどん」を売り物にする店が増えた。しかしそういう店で高松のうどんよりも旨いと感じたことはあまりない。「食べものや飲みものの、旅先の現地でうまいと思った味は、その土地のいろいろな食べものや飲みものとの関係のなかで成り立っている味なのではなかろうか。つまり、ものの味とは、もともと一定の具体的な場所（トポス）あるいは空気（雰囲気）のなかでしか、厳密には成り立たないものなのではなかろうか」（中村雄二郎『知の旅への誘い』岩波新書、一九八一年、三八頁）という文章を読んだことがある。高尚

＋山口昌男

なことはわからないが、たしかに、ある土地で旨いと思った食べ物はその土地の風土のなかでこそ旨いのだということは、旅を重ねるうちに実感した。ある意味では、フード（Food）は風土の一部なのではないかと思う。

逆に、自然はそれ単独では風土とは言い難い。人間もそれ自体は生命体としては土地によって大きな差があるわけではない。自然を与件とした日々の人間の暮らしのなかに風土があるのだと思う。そして暮らしの中で「食」の占める比重は高い。私は寺社仏閣の類にはあまり興味がない。それで結局は人々の食習慣にひどく惹かれてしまうことになる。どこに行っても、結局最後まで記憶に残るのはそこで食べたものになった。

「讃岐うどん」はその点からも実に優れたフードであった。先にも触れたように、私は生来、ソバのほうが好きである。うどんとソバのどちらかを選べと言われたら躊躇うことなくソバを選んできた。箱根の山から西にうまいソバはないという偏見をもっており（これは偏見であることを認める。例えば兵庫県の出石には旨いソバがある。ただし、出石のソバは元をただせばはるか東の信州のソバ職人が出石に持ち込んだものだ）、それも旅先として箱根から西の方には滅多に行かない理由になっている。しかし高松でソバが食べられないと嘆いたことは一度もなかった。「讃岐うどん」があったからである。そしてまた、高松では「讃岐うどん」を食べるべきであって、よもやソバなど食べるべきではないと思ったからである。[注8]

その反面、ラーメンに関しては、当時の高松は不毛の地であった。うどんの影響があまりにも強いせいであろう。ソバとうどんは代替性があるからしようがないとしても、うどんさえあればラーメンもいらないというわけにはゆかない。スープにしても、無理すればうどん汁でソバを食うことはできるが、ラーメンは無理なはずだ。と、普通は考える。しかしある時、うどん屋のメニューに「ラーメン」と書いてあるのを発見した。セルフサービスだから、ラーメンの麺を自分で茹で、自分でスープをかける。ところがどこを探してもラーメンのスープが見当たらない。どこにあるのか尋ねたら、なんとうどん用の汁をかけるのだという。なかには、これを「和風ラーメン」と称する店さえあった。うどんのかけ汁で食べるラーメンを「和風ラーメン」というのは高松だけであろう。その味の評価はともかくとして、これもまた風土である。こういう風土ではラーメン文化は根付かない。

高松では麺類はうどんだけで過ごした。

注8　東京にいる頃一緒に仕事をしたことのある若い職員が、ダジャレのような不定期の通信文をEメールで、仲間に配信していた。私のソバ好きを知っていたこの職員はある時、「片桐は高松ではソバ打ちを放棄し、うどん派に転向して、うどんを打ち始めた」という愉快な「デマ」を、それもどういうわけか高松の人間に名古屋弁を使わせて、流した。次のものがその「デマ」の全文である。

かつて○○線○○近辺で蕎麦打ちを始め、その後ことあるごとに当時の部下を招いてはわんこそばよろしく強引に次々と蕎麦を振舞い、振舞った分の数倍、数十倍に匹敵する宿題・作業を命じては、その後労いの蕎麦を打ち、また食わせては働かせるという蕎麦をダシにした手法で部下を疲弊のどん底におとしめただけでなく周囲にその存在を印象づけ、蕎麦をムチ代わりに使ったとしてソ連（全日本蕎麦連盟）から蕎麦打ちの権利剥奪と除名追放処分を受けた片桐幸雄氏（五四歳）が、この度新天地を求め四国に渡りうどん打ちを開始した。蕎麦を打っていた時代は「てめーうどんなんかうどん粉こねただけじゃねえか！」と、うどんに文句を言われたわけでもないのに一方的にうどんに絡み、激昂罵倒の限りを尽くしてきた氏だが、いざ蕎麦打ちに関する全ての権限を剥奪されると、舌の根も乾かぬうちにうどんの本場四国への道を自ら間接的につけ、相変わらずの自分勝手さは健在である。高松市内のアーケード街で人目もしのばずうどん打ちのセットを購入している姿が先日目撃されているが、後日道具屋店主にインタビューを試みると、「いやー特徴あるお客さんだで、よー覚えてるでよー。なーんか『チクショー蕎麦打ちと道具が一緒じゃねーかよ。』なーんてまくしたてておられたわりには、『まけてちょー』なーんてゆっておられたでよー。」と、遠く離れようともその迫力とゴリ押し具合も健在のようである。蕎麦打ちの時代には蕎麦の目的外使用によって本土を追われた氏であるが、いずれは同様の罪状によってうどん打ち権すらも剥奪される可能性は極めて高い。そうした場合、氏は新天地をどこに求めるのだろうか。

博多ラーメンの九州であろうか。いや、五四歳の身には九州ラーメンのとんこつ味はこってりすぎる。いやまて、長崎ちゃんぽんであれば野菜が多い。汁さえ残せば健康的だ。もしくはうどん同様罵倒してきたきしめん打ちの奥義を究めるために、かの嫌味野郎の故郷ニャゴヤを目指すのか。北海道で札幌ラーメンに挑戦か？いや待て。あそこには先約がいた。はたまたボーダーレスの時代、国境を越えて麺打ちの旅が始まるのであろうか。韓国、イタリヤ、そしてフランス（あったたっけ?）、いずれにしても氏の動向は一瞬たりとも目が離せない。
（片桐氏談）うるせーてめーら。目を離しやがれー！　今は静かにうどん打ちに専念させやがれ！
（この記事は平成一五年七月執筆のため、その後の事実は反映されていません。あしからず。）

私はこれに対して次のような「反論」を書いた。

かつて『週刊〇〇』を主宰し、抱腹絶倒天下無双の記事をほしいままにして、ライバル誌を発刊前に粉砕した、天才ジャーナリストが、見るも哀れな駄文を公表した。その筆の荒れ、その文章の緩み、これを嘆かずにおくあたわず、の感さえある。『週刊〇〇』の発行時の緊張を失い、場末の品川に惰眠を貪った大いなる「ツケ」であろうか［この「デマ」を流した職員は当時、品川で勤務していた］。

現場を見ずに記事を書くジャーナリストは、道路問題を理解しないまま、道路改革をやると吹聴する某首相以下というしかないのだが、かつての天才ジャーナリストの今回の駄文はまさにそれにあたる。

四国に来て、名の知られた店（「高級店」という意味ではない。「讃岐うどん」に高級店など本来存在しないのだから）のうどんを食って、なお自分でうどんを打とうなどと思うのは、よほどの変人か奇人（そういえば、上記の首相も変人・奇人の類だ）、さもなくば、経済合理性を全く理解しない「馬鹿」である。なぜか。知りたくば、一〇〇円硬貨をもって高松に来られたし。一〇〇円握って出かければ待つほどもなく極上のうどんを食べられる時に、誰が粉を買い、時間と力を使って、うどんを打つものか。

「講釈師見てきたような嘘をつき」という川柳があるが、「高松でうどんを打つか関東もの」は戯れ句にさえならない。こういうデマが通るくらいなら、「東京湾アクアライン　奇跡の黒字転換」をホザイテも許されるであろう。

情けないのは、語彙の不足。高松の商人が「いやー特徴あるお客さんだで、よー覚えてるでよー」と言うとは知らなかった。おい、高松は名古屋にあるのか。それとも、この高松の商人は昨日まで名古屋で暮らしていたのか。違うというなら、こういう言葉をしゃべる高松商人を探してこい。もはや、後は知るべし。

以上のことは、一度高松に来て商店街を歩き、うどんを食えば、絶対に書くことはない「間違い」である。現場を歩かずに記事を書くほどまでになった天才ジャーナリストの堕落は嘆いて余りある。願わくば彼におかれては、この堕落を恥じ、速やかに高松で現場踏査の上、「讃岐からのリポート」を書かれんことを。

朝食のこと

私は銀シャリを食べる風土で育ったものだから、「人はパンのみにて生けるものにあらじ」という言葉を実感すると同時に、「人はうどんのみにても生けるものにあらじ」と腹にしみて思っている。

高松のうどん屋が、ついでに銀シャリと味噌汁を出してくれれば、私は毎日うどん屋に通ったと思うが、それがなくてはどうにもならない。至る所にあるうどん屋を眺めながら、朝から銀シャリと味噌汁を出してくれる店を探して町のあちこちを歩いた。朝から食えるメシ屋というだけで、それ以外はどうでもいいというのであれば、宿舎の近くにも、仕事場の傍にもあった。ただ、それらは味や品揃えの点で、毎日でも食べたいと思えるような店ではなかった。気候は穏やかで、「すきっ腹にからっ風」という惨めな状態を味わうことはなかったが、「どこかにいい朝メシ屋は開いていないか」と早朝の街をほっつき歩いたのは、短い期間ではあったが、高松でのごく少ない苦い思い出の一つである。[注9][注10]

注9　この点では、最初の単身赴任先の仙台は何の問題もなかった。「半田屋」という一膳メシ屋が街のあちこちにあった。これもチェーン店なのであろうが、当時は仙台を一歩出ると途端に全く見かけなくなるという奇妙なチェーン店であった。学生を含む単身生活者がそこそこいれば、どの町でも営業は成り立つような気がするが、半田屋の経営者にはどうも「俺は仙台の半田屋だ。仙台以外では商売はしない」という強烈な意識があるらしかった。ともかく、仙台にいる限りは、半田屋が歩いていける範囲内にあれば、朝メシに不自由することはない。カミさんをこの半田屋に連れていった際も、彼女は食べることは好きだが作ることの苦手な私に対して、安心した顔でこう言った。

「あなた、手軽で品揃えの豊富な食堂がここにあるのだから、もう食事はここで済ませることにして、自分で食事作るの、やめなさいよ」

その上、仙台では当時は、東北大学の本部（片平キャンパス）に「公孫樹食堂」という名の学生食堂が朝早くから開いていた。実にみすぼらしい食堂であったが、学生食堂などこれで丁度いい。大学が休みの日は閉店になるのは難点だが、なにしろとんでもなく安かった。半田屋も五〇〇円もあれば、腹がいっぱいになったが、公孫樹食堂では五〇〇円も払った記憶はない。そんなに払ったら、食べきれないほどの惣菜が出てくるはずだ。仙台での宿舎は大学本部のすぐそばだったから、そして奇妙ないきさつから私は東北大学生協の会員になっていたから、大手を振ってこの食堂を利用した。朝はよく、職場に歩いて通う途中で公孫樹食堂に寄って、これ以上安いものはないような朝食をとった。しかし上には上がいるもので、ある時、若い学生がメシに味噌汁、それに納豆と大盛りのキャベツの千切りだけで食べているのを見た。総額で一〇〇円そこそこのはずだ。「苦学生」などという言葉はとっくに死語になったと思っていたが、この時だけは、「そうか、まだ貧乏学生がいるのだ。頑張れよ」と声をかけたくなった。

ただ東北大学はその後、この公孫樹食堂を閉鎖してしまった。東北大学にはずいぶんと世話になったから、あまり文句は言いたくないのだが、この使い勝手のいい食堂をなくしたことは、呆れ果てた、実に馬鹿げた、この上なく愚かな判断だったと思う。

注10　朝食については勤務先の喫茶店のことも書いておかなければならない。勤務先は港湾地区にあり、その近隣には飲食店はほとんどなかった。むろんうどん屋は例外である。こんな所にもうどん屋はあった。高松のうどん屋の多さを証明するようなものである。しかし深夜勤務の職員もいるなかで、毎日うどんを食えというわけにもいかないと考えたのであろう、支社の一角に食堂と喫茶コーナーが設けられていた。食堂は昼食時しか開いていなかったが、軽食とコーヒーは喫茶コーナーで早朝からとることができた。

先にも書いたように、私は「人はパンのみにて生けるものにあらじ」と思っているから、パンを主体としたこの喫茶店の軽食を朝食とする気にはなれなかった。例外は水曜日であった。「実験だ」ということだったが、毎週水曜日だけはご飯とみそ汁、それに簡単な惣菜が添えられた和食が朝食として提供された。だから水曜日だけはこの喫茶コーナーで朝食をとった。

味は悪くはなかった。まだ若い女性が一人でこのコーナーを切り盛りしていた。だから朝の食事の準備も彼女がやっていた。彼女に「和食を水曜日一日だけでなく、もう少し回数を増やせないのか」と頼んだことがある。「そうしたいとは思うが、一人ではとても無理です」という。喫茶コーナーの管理担当者の話では、彼女は早朝から夕方五時近くまで、ほとんど休みなく働いていて、週一回の和食の提供だけでも「よし」としなければならないということだった。

そういうきつい仕事をしていてもこの女性は笑顔を絶やさなかった。喫茶コーナーは朝食をとるためとコーヒーを飲むためだけに利用したわけではない。居留守を使ったほうがいい来客がある場合は、たいていはここで半ば隠れ、半ば時間つぶしをした。彼女は「退避ですか」と笑い、「連絡役」になってくれた。

この彼女と別の場所で出会うことになるが、これはもう朝食の話ではない。

私にとっては死活問題の一つであった朝食問題は、偶然のことから解決された。JR高松駅は、かつての連絡船のターミナルであり、接続駅であったから、港のすぐ近くにある。だからこの駅が町の中心になっているというわけではない。しかし中心部からそう遠いわけではないし、鉄道で移動する場合はほとんどこの駅が起終点になる。だから高松に住んでいてこの駅を知らないなどという人間はまずいない。しかし、この駅になんとも不思議な食堂があることを知っている人間となると、これもほとんどいないのではないか。少なくとも勤務先の職員は、地元出身者も含めて、誰もその店を知らなかった。

知らないのも無理はない。私自身もこの店を知るまでだいぶ時間がかかった。あれやこれやで高松駅はよく利用したし、この店の前も通っていた。しかし看板がよくなかった。看板には素っ気なく「Un gramm」と書かれていただけだった。私のフランス語の知識は極めて乏しい。しかしそれでも、これがフランス語で、そして「一グラム」という意味であることはわかった。外からわかるのは、この店名だけである。あとは何もない。料理のサンプルを展示するショーウインドーもないし、メニューを書いた看板もなかった。そもそも何の店なのか見当もつかなかった。ついでに言っておくと、この店の外観は、南欧風の明るくしゃれたものだった。何であれ、こんなフランス語の看板を出すような店には用はない。そう判断してしまった。

高松で暮らしだしてからしばらく経ったある時、この店の前を通りかかったら、フランス語にもフランス料理にもおよそ縁のなさそうな老夫婦がこの店から出てきた。気になって、店を覗いて見た。驚いた。中は「大衆食堂」そのものだった。しかも食べているのは「大衆食堂」らしい雑多かつ手軽な料理ばかりである。それに朝から開いている。八時にはもう開いていたように思う。それだけでも私には大発見だった。

代金の計算の仕方はこれまでに見たこともないものだった。長いテーブルの上に大皿に盛られた雑多な惣菜が所狭しと並べられている。それを専用のトレーに好きなだけ盛って、あとは保温器の中の飯を自分で好きなだけ茶碗に盛って、必要ならば味噌汁も注いで、レジに持っていく。ここまではセルフサービスの店、例えばうどん屋などによくみられる方法に似ていた。しかし、セルフサービスの店では、様々なメニューは料金があらかじめ決まっている。この店は違う。料金が前もってわかるのは味噌汁だけである。その他は、重さを量るまではわからない。飯とカレーは一グラムにつき八〇銭（〇・八円）。味噌汁は一杯五〇円。あとは「すべて」正味重量一グラムにつき一円である。これがアングランという店名の由来のようだった。それなら気取って「Un gramm」とフランス語などで書かずに、日本語で「一グラム」とすれば良さそうなものだが、どうもここいら辺の感覚はよくわからない。

この「すべて」には、梅干しや沢庵からカツオのたたきや牛肉の煮込みまで、あるいは八宝菜からシュウマイまで、数えきれないくらいの種類の惣菜が含まれる。梅干しとカツオのたたきでは単価にあまりの差があるのではないかという気がするが、それを「すべて」一グラム一円とするのがこの店の方針であり、セールスポイントのようだった。セールスポイントと書いたが、何が何でも売り上げを増やそうとする気構えはまるで感じられなかった。したがって、セールスポイントという言葉を使っていいものか、迷う。看板の素っ気なさとミスマッチがそれを如実に示している。

こういう価格設定だと、低料金で様々な惣菜とご飯が食べられることになる。週に何回もこの店に通ったが、どんなに腹が減っている時でも、六〇〇円以上はまず食えなかった。平均すれば五〇〇円を少し割るくらいだった。そしてお茶は、セルフサービスで「無料」である。誰に対しても「無料」である。当たり前のようだが、決してそうではない。普通だったら、売り上げを増やすためにも「飲食物の持ち込みはお断りします」とするものだが、この店にはそういう制限はない。だから「無料のお茶」を飲んで休憩するだけの利用者もいる。この店では何も買わないのであるから、これでは「お客」とは言えないが、そういう利用者も自分でお茶を注ぎ、席を利用して、休憩したり、持ってきた弁当を食べることはできる。つまり、この店は「無料休憩所」でもある。いや、店が「無料休憩所」になっているのではなく、「無料休憩所」を利用して食堂を経営しているのかもしれない。こうなると、そもそも一体何を目的として店を開いているのか疑わしくなる。

この店に入るきっかけを作ってくれた老夫婦とはその後も何回もこの店で一緒になったが、彼らがこの店で何かを買ったことはついになかった。いつも弁当を持ってきて、「無料のお茶」を飲みながらそれを食べていた。ただその弁当も自分たちで作った弁当ではなく、どこかで買ってきたような弁当だった。どこでそれを買うのか、詮索する気はまるでなかったのだが、ある時、アングランの隣にあるスーパーマーケットでこの老夫婦が弁当を買うのを目撃した。まだ温かい弁当のようだった。それを隣のアングランに持って行って、すぐに食べるというのが彼らの食事の仕方だった。考えようによっては、これはこれで合理的な食事方法である。

その時、アングランの価格の低さの理由もわかった。老夫婦が弁当を買っていたのは、惣菜コーナーの近くであった。弁当はでき合いのものを運び入れたのではなく、惣菜部門で作ったもののようだった。そして惣菜コーナーの後ろにはアングランの陳列棚が見えた。スーパーマーケットの惣菜部門は、店内での販売用に惣菜を作り、弁当を拵えるだけでなく、アングラン用の惣菜も作っていたのだ。アングランは飲食店というよりは隣のスーパーマーケットの延長のようなものだった。スーパーマーケットの一角にお茶がタダで飲める無料休憩所が設けられているようなもので、店内で買った惣菜もそこで食べることもできる。そう思えばいい。スーパーマーケットの従業員が片手間にアングランの仕事もやる。味噌汁以外にはアングラン専用に作るものは何もない。だから低価格で提供できる。そしてこれはスーパーマーケットを利用する人たちに向けてのサービスの一環のようなものだから、アングランでの売り上げを増やす必要もないということになる。

宿舎からアングランまではそう遠くなかったが、それにしてもよくアングランまで歩いた。どこのスーパーマーケットでもこういうサービスをやってもいいようなものだが、高松ではアングラン以外にはこういう店はなかったからだ。

ときおり高松にやってきたカミさんをこの店に連れて行ったら、カミさんは、高松に来て初めてうどん屋に行った時と同じように、「おいしい！　安い！　これなら自分で料理する必要などないわ。ここで十分よ」と言った。怠け者のカミさんは、料理のレパートリーの少ないこともあり、近所の婦人達が大皿から惣菜を容器に詰めて自宅に持ち帰るのを羨しがっていた。今度高松に行くことがあったら、そしてもしこの店がまだ健在だとしたら、どうしても寄ってみたいと思う。

宝の無駄遣いのような話

車も自転車も持つことがなかったためか、観光地に頻繁に出かけるということはなかった。二度以上行ったのは、栗林公園と小豆島それに屋島の三ヶ所だけだった。栗林公園は散歩がてらに行けたし、小豆島はそこに向かうフェリーが良かったからだ。そして屋島には好いハイキング・コースがあった。それぞれに思い出が残っている。

その一　栗林公園の朝粥と昼飯

高松の栗林公園を知らないという人間はまずいないであろう。高松藩主、松平頼重・頼恭が築いた名園である。私が初めて四国に渡ったのは高校生の頃である。どこをどう回ったか、ほとんど忘れたが、栗林公園に行ったことだけは覚えている。高松に来た観光客の多くがここに寄るのではないかと思う。市民の利用も多い。回数券もあるほどだ。

栗林公園が法律上、どういう位置づけになっているのかは知らない。有料であって、入園時間が限定されていることと、園内にいくつも料理屋があるのは、あまり他の都市公園には見られないことであろう。紅葉の時期に夜間照明をする期間を除いて、一般の利用者の入園可能時刻は日の出から日没までだったが、料理屋で飲食する場合は夜も入ることができた。これもあまり聞かない話である。ただ、高松市民であれば、ここまでは大体知っている。

しかし、園内の料理屋の名前になるとだいぶ怪しくなる。園内に「泛花亭」という小さな茶室がある。この小さな茶室は園内にある「菊花亭」という料理屋が経営している。菊花亭の方は構えも大きく来客も多いが、「泛花亭」のほうはあまり知られていない。そもそもこの名称からして一般的ではない。辞書をひかない限り「はんかてい」と読める人は滅多にいないであろう。また小さいうえに、ひどく古びていて、気軽に立ち寄りたくなるような建物でもない。しかし見た眼と違い、酒を飲むには実にいい場所である。

ある夏の夜、東京からの友人を迎えて六人でここで酒を飲んだ。小さい茶室であるから八人も入ればいっぱいになる。六人の宴会であるから当然、貸切である。六時半から九時過ぎまで、池に面した茶室でライトアップされた池と池越しの松を「肴」に酒を楽しむ。料金はしれたものであった。しかし、我々の他には誰もいない天下の名園を独り占めにする実に贅沢な酒宴となった。これほど贅沢な宴会はほとんど記憶がない。

このことならば、知っている市民も多少はいるかもしれない。しかし、この贅沢極まりない茶室が実は早朝も使えることを知っている市民はほとんどいない。私も当然知らなかった。ある職員がこの茶室で朝粥が食べられることを教えてくれた。最初は信じられなかった。地元採用の何人かの職員に聞いても誰も知らなかった。私に朝粥のことを教えてくれた当の職員も自分では食べたことはないという。こうなったら、とにかく行ってみるしかないと思った。冬のある朝、たまたまカミさんとカミさんの母親が高松に来ていたので、一緒にこの朝粥を食べようと思い、朝七時からの朝粥定食を三人分予約をしたうえで出かけた。開門と同時に入園し、泛花亭に直行した。しかし予約は完全に忘れられていた。部屋（茶室）には通されたものの、五〇分近く待たされることとなった。米から粥を作るのである。その位の時間はかかる。途中で火鉢を入れてもらうほど寒い朝であったが、せっかくの景色なので、窓をいっぱいに開け放って、朝の池とそこで遊弋《ゆうよく》する真鴨を見ながら過ごす。結構いい待ち時間となった。食事は旨かった。

天下の名園の中で朝食が食べられるというのは全国的にも珍しいことであろうが、いいサービスだと思う。店が狭いから、朝は一日にひと組しか案内できないというが、それはそれでお客にとってはかえってのんびりすることができるという利点がある。こんないいサービスがなぜほとんど知られていないのか。「予約を忘れていた」という位ののんびりさが影響しているように思えてならない。「商売をして儲けよう」という気迫というか気構えのようなものが一向に感じられないのだ。

平日であり、私は勤務があるので、先に出て勤務先に向かったが、カミさんたちは残って、のんびりするという。その日の夜、カミさんに聞いたら、食事が終わったあとも残っていたカミさんたちのところへ、女将がやってきて「火鉢」端会議が始まったという。女将もよほど暇だったらしく、「火鉢」端会議は恐ろしく長いものになったようだ。泛花亭は歴史のある建物で、俳人高浜虚子も何回かここを訪れたことがある。そしてそのたびに色紙を書き遺して行ったのだが、先代の女将がそれをすべて燃やしてしまったという。虚子の色紙を反古にするとは信じられない話だが、泛花亭の営業の実態や、女将ののんびりさを見ていると、この店ならそういうことがあっても不思議ではないな、という気分になる。

また秋のある日、誘われて栗林公園の掬月亭という茶席での昼食会に参加した。少し色づき始めた園内の木々を見ながら美味い昼食をとる。たまにはこういう席もいいものである。聞けば五人以上の予約だけという制約はあるものの、一二月〜二月の三ヶ月間を除き、通年この昼食会は開催できるという。これも、このときまで全く知らなかった。泛花亭の朝粥と同様に、とにかく周知されていないのだ。一体どうしてこういう方針（積極的ＰＲをしないということ）を立てたのであろうか。この席を用意してくれた若い職員の説明によれば、「どうも讃岐の人達には物事に積極的に取り組むという姿勢が乏しいのではないか」、ということであった。たしかにうなずける話である。もっともその御蔭で、知っている人間は十分に食事を堪能できるということになる。ひょっとするとそれを考えたのであろうか。そう勘繰りたくなるほど、利用者は少なかった。

その二　観光客のいない観光地

栗林公園の話をした際に「どうも讃岐の人達には物事に積極的に取り組むという姿勢が乏しいのではないか」ということを紹介した。しかしこれは栗林公園に限ったことではない。観光地巡りを心がけたわけではないが、時間はたっぷりとあったので、近郊の名所には何箇所か出かけた。しかし、栗林公園を含めてどこも観光地としては賑わっているとは言い難かった。

例えば、金毘羅神社のすぐそばに金丸座という芝居小屋がある。ある時、金毘羅神社に行った帰りに金丸座に寄った。初めて奈落を覗いてみた。これは楽しかった。しかし週末にもかかわらず、入場者は誰もおらず、貸し切りのようなものだった。大体が金丸座までの案内が極めて不親切で、地元の人たちに尋ねなければわからない。観光資源の活用という観点からは、首を傾げざるを得ない。金丸座はその後、「平成の大改修」が行われ、だいぶ様子が変わったという話だが、観光客にとって便利になっていることを願うばかりである。

高松市内の北東にある屋島は源氏と平氏の古戦場のある名高い観光地である。山頂には先に触れた、太三郎狸の石像や屋島寺などがある。だが屋島に太三郎狸が鎮座していることを知っている高松市民にはほとんど会わなかった。太三郎狸だけでは観光資源にはならないのかもしれないが、山頂から瀬戸内の海までなだらかに下りていくハイキング・コースもある。屋島寺から屋島の尾根伝いに北上し、北端の「長崎の鼻」まで行くコースである。屋島寺までの参道では、それでも多少の参拝者（登山者）もあるが、尾根道を歩く人はほとんどいない。常緑樹のなかを平坦な道が続く。道はよく整備されている。尾根道からは五剣山や、遠く小豆島も見える。いい道だと思うのだが、誰もいない。どうして人気がないのか不思議でならない。屋島寺から約二キロで尾根道の北端に着く。「遊鶴楼」という展望台があるが、コンクリート製の何の変哲もない展望台である。途中の広場にあった売店はシャッターが錆付いていたし、「遊鶴楼」にも何もなかった。工夫次第でいい保養地になると思うのだが、これではどうにもならない。

人が来ないから商売にならないのであろうが、人を呼び込む努力がないから誰も来ないともいえる。四〇年近くも前に私は初めてここに登った。その記憶はかすかなものになっているが、それでも観光客がごった返していた覚えがある。その頃とくらべると、すっかり寂れてしまい、別の場所ではないかという感さえある。理由はなんとなくわかる。本四架橋のせいである。本州と四国を結ぶ橋は四国の島民のいわば悲願であった。橋さえかかれば本州側からどんどん観光客が来る。みんなそう思っていた。それは期待というよりは確信に近かった。そして橋はできた。屋島の山頂からも橋は遠望できる。しかし観光客は来なかった。

橋ができたその年こそ多少は増えたらしいが、翌年から減り始めた。見るだけの観光は、そこに行くのが容易でない場合だけしか意味はない。橋ができて簡単に行けるようになったら、もう一度行ってみたいと思わせるようなものを用意しなければならない。それがなかったのだ。だから観光客は来なかった。

ある日、若い職員に誘われて、車に乗せてもらって、高松から少し東に行った津田の松原近くにある、「ベッセルおおち」という所に行ったことがある。海が見える高台にあるいい風呂であった。その風呂の良さを認めつつ、「食堂は何の変哲もないものだった」という残念な思いだけが残った。この残念な思いが風呂の良さを損ねてしまう。もう一工夫があればいいのに、それがない。どうも香川の人はマーケティングが下手だ。下手というよりは、マーケティングの重要さをまるで理解していない。いいものであれば、黙っていてもお客は来るとでも思っているのだろうか。

高松を去る間際に、カミさんも連れて「志度のワイナリー」に行った。これは志度町の海の見える小高い丘の上にあった。「何でもっと早く来なかったんだろう」。それが第一印象であった。ワイナリーやそれに付属する施設だけでなく、宿泊施設や運動場、それに野外劇場まで揃っていた。野外劇場には催し物がない時は誰でも無料で入ることができる。ローマのそれに似た野外劇場の観客席に座って瀬戸内の海に沈んでいく夕陽を眺めた。落ち切るまで席を立てなかった。瀬戸内の海は百間町の宿舎の窓からも見えたが、この野外劇場から見る夕陽は格別であった。私は夕陽よりも朝日のほうが好きなほうだが、その私でさえこの夕陽を見ていたら涙目になってしまった。

行ったのは、高松から引き上げる前の最後の土曜日であった。若い職員が休みの日なのに車で連れて行ってくれた。車なら高松からすぐのところだった。若い職員はもう何年も高松で暮らしていたが、「自分も初めてここに来ました」と言っていた。彼の話では、高松の人間でもここを知っている人はそう多くはないということだった。

週末だというのに、野外劇場には私以外には誰もいなかった。瀬戸の夕陽を独り占めして見たようなものだが、そして誰もいないことからくる静かさも堪能したことになるが、それにしても、この絶景がほとんど知られていないというのはあまりに惜しい。夕陽とともども、そのことを惜しみながら、高松に戻った。

四国の人々は自分たちが持っている本当の意味での観光資源にあまりに無頓着である。それが私の好きな「のんびりさ」を生む重要な要素ではあろうが、四国の資源は観光以外にはそう多くはないのだから、それを生かす工夫はやはり必要であろう。悲しいことに四国には松山の道後を除いて本格的な温泉がない。温泉がないばかりではない。高松を例にとれば、水も平地も少ない。しかしハンディは多かれ少なかれどの地域にもあることであろう。どこも様々な工夫でこのハンディを跳ね返している。観光資源を発掘し、リピーターを増やすという気構えが四国ではどうしても感じられなかった。感じられたのは「のんびりさ」だけである。

しかしこの「のんびりさ」は資源でもある。栗林公園の泛花亭の朝粥のサービスが市民にさえほとんど知られていないことも、その女将が予約をすっかり忘れていたのも、「のんびりさ」の現れであろう。志度のワイナリーや屋島の太三郎狸が知られていないのもそうであろう。せかせかと働くばかりの人間にとっては、この「のんびりさ」こそ嬉しい。私は一年間この「のんびりさ」を満喫させてもらった。

逆にいえば、滞在型観光でしかこの「のんびりさ」は味わえない。そして滞在型観光の資源は十分にある。志度のように、ワイナリーと宿泊施設と運動場と目の前の瀬戸内の夕陽が眺められる野外劇場とが一ヶ所に揃っていれば、すぐにでもそれは用意できよう。「ワインと夕陽を楽しむ夕べ」でいいし、野外劇場でワインの小瓶を無料でサービスすることもできよう。その上で一泊して翌日はテニスを楽しむことを加えてもいい。しかし、そういう工夫がなされているような感じはなかった。それよりも何よりも、地元の高松の人間にもここがあまり知られていないというのでは話にならない。

多くの人たちにこの「のんびりさ」を味わってもらいたいと思うが、あんまりたくさんの人が押し寄せて、せっかくの「のんびりさ」がなくなってしまうのも悲しい。身勝手な話だが、観光客が増えなくとも「のんびりさ」は失って欲しくない。朝靄の池を見ながら、いつできると知れない朝粥を待ち、穏やかな潮騒を聴きながら、ぼんやりと夕陽を眺めるだけの「のんびりさ」こそがこの土地の良さだと思う。心身の疲れを取ろうとする人達にはうってつけの所だと思う。それを考えれば、ごく少数の人間だけがそれを味わっているという意味での「宝の無駄遣い」のほうがかえっていいのかもしれない。

三　出会いを楽しむ

高松では多くの人たちのお世話になった。書き始めたら際限が無くなる。仕事らしい仕事のない職場ではあったが、職員の多くは同情心を持って接してくれたし、公私にわたって私の暮らしを支えてくれた。ただ彼らの多くはまだ高速道路会社やその関連企業で働いている。ここで具体的な話をしたり、名前を挙げたりすることは控えたい。

また後述するように、古い知人が紹介してくれた香川大学の研究者の配慮によって、同大学での研究会に参加し、そこで多くの研究者と出会った。そのことは別に触れることにする。

ここでは偶然に出会った三人の方のことを話すことにしたい[注11]。そのうちの二人には礼状さえ出しそびれた。本当は東京に戻ってすぐにでも礼状を出すべきであった。それがとんでもなく遅れたのはひたすら私の怠慢のせいである。

注11　タブッキは『インド夜想曲』（須賀敦子訳）で「記憶はおそるべき贋作者だ」と語っている。須

賀氏の訳文では、次の文章がこれに続いている。「その気がなくても時間の汚染は避けられない」。私の経験では、この汚染は時間の経過の中で徐々に進んでいくのではなく、ある段階で飛躍的に悪化する。「時」はいつでも若いものに味方するというが（薄田泣菫『茶話』）、同時に「時」は冷酷非情に若さを奪い去ってもいく。高松にいた頃、おそらく私は時の流れの中で「若さ」と「記憶力」の双方を飛躍的に失い、それ故に汚染状態が極めて悪化したのではないかという気がする。

「時間に汚染された記憶」の一つの例が高松の宿舎の隣人のことである。最上階には二世帯しか住んでいなかった。隣には、一度聞いたらまず忘れないと思うような、珍しい姓の老婦人がその孫娘と住んでいた。その老婦人には、何度となく、惣菜やら菓子やらを頂いた。カミさんも何回か土産を届けた。宿舎で唯一親しく声を交わすことになった人である。それにもかかわらず、この老婦人の名前それ自体はメモには全く記していない。忘れるはずがないと思い、「隣家の老婦人」としか書いていなかったのだ。

ところが途中で別のマンションに引っ越して行かれたこの老婦人の名前が今どうしても思い出せない。記憶に対する「時間の汚染」を痛感せざるを得ない。これと同じことが他にもあるように思う。忘れていることそれ自体を忘れているものもあるかもしれない。つまり、メモを取っておかなかったために、あったこと自体あるいは会った人自体が「なかったもの」になってしまっているものがある。そのなかには、この隣の老婦人のような方がいた可能性がある。

不動産管理会社の女性担当者へ

定年で退職されたとお聞きしましたが、元気でお過ごしのことと思います。

高松では本当にお世話になりました。最初に部屋を案内していただいたとき以来、必要なこと以外、あまり話をしたこともありませんでした。ただ、ひどく気を遣っていただいたことだけが記憶に残っています。ゴミ出しのことや、電気やガスのことなどを丁寧に教えてもらいました。たまにドアが故障したり、何かの点検に立ち会わなければならない時には、気軽にすぐにかけつけていただきました。「気配りのできる人だなあ」。ずっと、そう思っておりました。

あなたに、単なる居住者以上の気遣いをして頂いたことに気づいたのは、高松に転勤してから丁度一年が経ち、東京への異動が決まった後でした。その数日後、配水管の修繕の立会いに見えたあなたと宿舎でばったり会いました。のんきな私は、散々お世話になりながら、部屋の明け渡しは道路公団の担当者が不動産屋に連絡するのだろうと思い、あなたには転居のことは伝えておりませんでした。この時も、そのことには触れず、「ついでにトイレの水周りも点検して下さい」と依頼しました。そしたら、あなたは、「気になっていたんですが、転勤じゃありませんか」と声をかけて下さいました。

あなたは、私が高松に左遷されてやって来たことをご存知で、それで、ずっと私のことが気になっていたように見えました。この日の夕刻、依頼していた件でまた訪れられたあなたと初めてゆっくりと話をさせていただきました。

「テレビに追いかけられたりして、高松にはいい思いがなかったんじゃありませんか」

「そんなことはありません。仙台に続き、高松は二度目の地方勤務ですが、仙台と同じように、いい思い出ができました。市立図書館や香川大学の方々にもよくしていただきました。マスコミに追いかけられたのはしようがありません。彼らも仕事ですから。でも、非難されていたわけではありませんからね」

「そうですよね。皆応援していましたからね。テレビで放送された時は、すぐに知人から、片桐さんという人の住んでいるマンションはあなたの担当している物件じゃないのと聞かれたんですよ。いいえ、知らないわよとシラをきりました。でも高松でいい思い出を作られたのはようございました。奥様は山歩きがお好きだと伺いましたが、歩かれましたか」

「ええ、何回か歩きました」

「志度のワイナリーは行かれましたか」

「いいえ、まだ行ったことはありません。今度の金曜日に家内が来ますから、土曜日に行くことはできます」

「そうですか。あそこはいいところです。奥様にはお目にかかれないかもしれませんが、東京に戻られましても、どうぞお元気で御活躍下さい」

「ええ、有難うございます」。

そんな会話をした想いがあります。

カミさんは私の知らない間にあなたと仲良くなっていたようです。あなたは私のことを気遣い、そしてカミさんのことは「苦労している夫のところに遠くから足を運ぶ健気な女房」だと思っておられたのでしょうか。しかしそういうことは、あなたはおくびにも出されませんでした。私もこの日まであなたに対して高松に来た経緯を話をしたことは一度もありませんでした。あなたはただ、黙って、私のことを見守ってくださいました。私より先に、というよりは、私の知らないところであなたと親しくなっていたカミさんから聞いた話では、あなたは私の宿舎の管理を担当すると決まってずいぶんと緊張したとのことです。それが、私もカミさんもまるで構えない人間だったので、気分がすっかり楽になったとカミさんに語っておられたそうです。

最後の日には「餞別」まで頂戴してしまいました。もらっていいのかと思いながら、貴重な思い出の一つとして遠慮なく頂戴してしまいました。「餞別」はあなたが厳選された手打ちうどんでした。ずっしりと重い手打ちうどんでした。でもその重さ以上にあなたの気持ちが重かった記憶が今も鮮明に残っています。

黙って、遠くから応援してもらう。これほど心温まることはないと存じます。遅れてしまいましたが、重ねて御礼を申し上げます。

飲み屋「F」のチーママへ

高松にいた頃はお世話になりました。といっても、そう頻繁に顔を出すわけでもなく、時たま行けば行ったで、「一人三〇〇〇円でやってくれ」と勝手に支払額を決めて、延々と居続けたというろくでもない客でしたから、言葉の本来の意味で、迷惑をおかけしたのではないかと恐れています。高松はこじんまりとした居心地のいい町でしたが、こじんまりしすぎて、町を歩いていると、よく知人に会いました。別に悪いことをしているわけではないわけですから、会ったからといって困るわけではないのですが、高松に行った原因が原因だけに、夜の繁華街で「誰かにバッタリ会う」というのはなんとなく気が重いものがありました。それで、どうしても夜は行動範囲が限定され、特定の数軒を歩き回るということになってしまい、「全く気を遣わずに済む」という理由だけで、あなたの店に足を運ぶ回数が増えてしまいました。

仕事のことを店の中で話した記憶はありません。湿っぽい話をした覚えもありません。酔っては、どうでもいいような話をして、のんびりとした時間を過ごし、ふらふらと夜風に吹かれながら歩いて宿舎に戻りました。その帰り路の気持ち良さも含めて、いい酒を飲ませてもらいました。

単身赴任になる前は、酔って自宅に帰るたびに、カミさんから、「酒がそんなにいいんですか。

酒に酔うなんて時間の無駄でしょ」と小言を言われたものですが、単身赴任ですから、この小言を聞くこともありませんでした。もっとも、カミさんの小言に対しては、「お前の言う通りだ。酒に酔うなんて時間の無駄だ。だが、酒に酔わないなんてのは人生の無駄だ」と無駄口を叩いていたのですが、小言をいう人間がいないと、無駄口を叩くこともなくなり、最初は拍子抜けしたものです。また日中、仕事でストレスがたまるなどということは全くなくなりましたから、酒を飲む「大義名分」がなくなってしまいました。これには少し困って、いろいろ「酒を飲むための言い訳」を考えた挙句、「自分のことを気遣って酒に誘ってくれているのだから、その誘いに応えることが人間としてのマナーである」とした記憶があります。

その上、あなたには毎週一回以上は、朝食の面倒まで見てもらいました。酔って帰った翌日、仕事場の一階にある喫茶室に酔い覚ましのコーヒーを飲みに行った時、化粧をすっかり落としたあなたがカウンターの向こうでコーヒーを淹れているのを見て、「俺はまだ酔っ払っているのか」と自分の目を疑ったものです。「私よ、覚えていないの」と言われて、ようやくあなただということがわかりました。

しかし夜遅くまで酒場で働いて、短い睡眠の後で、早朝から喫茶室を切り盛りするというのは常識では考えられないことです。いろいろな事情があったのだと思いますが、こうしたきついダブル・ワークのつらさを少しも出さずに笑顔で働いている姿には頭が下がりました。

朝食をどうするかは高松で頭を悩ませた数少ない問題の一つでした。私が「パンだけで生きられる」人間であれば、あなたの喫茶室で問題は十分解決したのですが、朝はどうしても銀シャリが食いたくて、あなたにも無理を言ったような気がします。それでも毎週水曜日は、「今朝は喫茶室で和食が食える」と思い、それだけで嬉しくなったものです。

宿舎が街の中央で集まりやすいために、休日には職場の同僚たちと宿舎で飲んだこともたびたびあったのですが、そんな時にあなたに来てもらったこともありました。また同僚たちとのハイキングでは貴方には昼食を用意していただきました。こうした宿舎での飲み会やハイキングに一緒にいたカミさんもあなたのことはすっかり感心してしまい、私が夜の盛り場で飲むのにはいい顔をしないのに、あなたのことだけは「たまには彼女のところで飲んでるの？　どうせ飲みに行くのなら彼女のところで飲んでよ」と逆の心配をしたくらいでした。

そして、挙句の果てに、高松を引き上げる時までお世話になってしまいました。転勤の内示があった後、あなたには二回も店の外の「送別会」に出ていただきました。一度はビアガーデンで、一度は私の宿舎で。そしてこの時、カミさんがあなたに、ずうずうしくも「この宿舎にあるいろいろなものは夫の衣服と本と文房具以外は皆置いていこうと思っているんですけど、引き取っていただけませんか」と依頼したところ、優しいあなたは二つ返事でこれを了解してくれました。カミさんがおそらく甘言を弄したのだろうと思いますが、ガラクタや賞味期限切れのものまで含めて全部あなたに引き取ってもらうことになりました。高松での最後の日曜日に、荷物の一切合財（布団、テーブル、雑貨、食料品等）をあなたのアパートに運んでもらいました。高松に来た年の秋にカミさんが近くの花屋から買ってきて、花瓶に入れて枯らさずにきた竹の一種も花瓶ごと引き取っていただきました。実はこの花のことが一番気がかりだったのですが、あなたの御蔭で心残りがなくなりました。

台所の細々した物から冷蔵庫の中身まですべてを引き取ってもらったために、包丁もまな板も醤油も箸も米も宿舎には何も残りませんでした。そしてそのことをカミさんは、その日の夕食のための食料を買ったあとで初めて気づきました。御蔭で高松での最後の夕食は、実に不思議なものになってしまいました。カミさんの高松での最後のドジでした。

いろいろな楽しい思い出をあなたにいただきました。本当に有難うございました。

小豆島のタクシードライバー

もう一人は、一度だけ会った小豆島のタクシードライバーである。

小豆島は栗林公園と並ぶ香川県の代表的な観光地であろう。この島は地理的には四国の香川県よりは本州の岡山県に近く、高松からこの島に渡るのは結構時間がかかる。もっともそのせいで、この島に向かうフェリーでの読書は快適なものとなる（これについては後述）。あまり気持ちいいので、フェリーに乗ること自体を目的の一つにして何回か島に渡った。

フェリーとは別にこの島には忘れられない思い出がある。栗林公園の泛花亭で朝粥を楽しんだ数日後、カミさんたちと島に渡った。高松から島に渡る時は、多くは土庄《とのしょう》港を使う。私もそれまではいずれも土庄港に着くフェリーを利用していた。いつも土庄港では面白くないと思い、この時は草壁港を利用した。

時期は少し遅かったが、バスに乗って寒霞渓に行って、紅葉を見た。寒霞渓からまたバスで草壁港に戻る。そのあと、田ノ浦の映画村に行くことにした。ここには映画「二十四の瞳」の撮影に使った野外セットがそのまま残されている。バスで行こうと思ったら、次の便までだいぶ時間があった。それで港の近くのタクシー会社まで歩いて、車で映画村まで行った。映画村に入って直ぐに、カミさんがスカーフをなくしたと言い出した。料金を支払う時に落としたのではないかと思い、タクシー会社に連絡したが、「見つからない」という。映画村の入り口付近を捜したが見つからない。

カミさんは「シートの下に入り込んで隠れてしまい、探してもらっても気づかれなかったのではないか」と考え、映画村から草壁港に戻った後、もう一度タクシー会社に行きたいと言った。安いスカーフだが、愛着があるのだという。最初は帰りもタクシーで戻ろうと思っていたが、運良くバスの時間が合い、映画村から草壁港までバスで戻った。

バス停に着いたら、先ほどのタクシーのドライバーが我々を待っていた。そして「スカーフ、見つかりましたので、フェリー乗り場の切符販売窓口に預けておきました」とだけ言って、引き返していった。彼は、我々がこのバスで戻るのを予想してここで待っていてくれたのだ。ここで我々を待つというのは自分の営業を犠牲にするということでもある。おそらく彼は「見つからない」と返事したものが出てきたので、責任を感じてこのような行動をとったのであろう。しかし我々がバスでここに来るという保証はそもそもない。しかも仮にバスに乗るとしても、何時のバスに乗るかもわからない。だから彼は、バスでは来ないかもしれない我々を、バスが来る時刻になるたびにバス停で待ち続けたということになる。そう簡単にできることではないし、しなかったとしても、責められるものでもない。それなのに、彼はまるでそれが当然であるかのようにやったのである。

この島に暮らす人々の気風に触れた気がした。カミさんはすっかり感動していたが、その気持ちは良く理解できた。小豆島には、あちこちの観光地やフェリー以上の忘れ難い思い出が残った。カミさんはスカーフを宝物のようにして持ち帰った。

カミさんは留守宅に戻ったあとすぐにタクシー会社に連絡し、このドライバーに礼状を書いたという。そしてカミさんは今もなおこのスカーフを大事に使っている。

四　読み書きを楽しむ

詩人でもある長田弘氏が、新聞でその著作『知恵の悲しみの時代』（みすず書房、二〇〇六年）について語ったことがある。そこに以下の発言がある。

戦争の時代は本なんか読まれなかった時代のように思われやすいが、違う。読書は習慣だ。日常を壊すのが戦争だが、のこされた本の記憶は、困難な日々にあってなお、読書がどんなに自分を支える大切な日常だったかを明かす。

（「戦時中、豊かな言葉健在」談：長田弘『日本経済新聞』二〇〇七年一月一七日、夕刊）

高松時代が「困難な日々」であったとは言えない。むしろ逆である。ただ、読書でその日々が豊かなものとなったことだけは間違いない。実に楽しんで読んだ気がする。

高松に行って最初に読んだ本は、『ウンベルト・サバ詩集』（須賀敦子訳、みすず書房、一九九八年）

であった。着任した直後に読み終え、二つの文章を抜粋した。

生きるということほど人生の疲れを癒してくれるものは、ない（二四一頁）

人生がぼくを打ちのめしたが敗けたのは半分だけ。心は残った（二五一頁）

二つともいい言葉である。こういう言葉に出会うだけでも読む意味はある。困難な日々でなくとも読書は心を豊かにするものである。困難な日々であれば、一層そうだろう。

新聞を読む

毎日仕事場に行くのだが、やらなければならない仕事は何もない。仕事はないが、勤務時間はある。朝の九時から夕方の五時半まで、仕事場にいなければならない。この間何をするか。まず試みたのは、できるだけ新聞の隅々まで目を通すということであった。

新聞を読むということに関しては、全く対極的な意見がある。一つはドイツの作家、ヘルマン・ヘッセの意見である。彼は新聞を読み耽ることを批判する。

……新聞は書物の最も危険な敵の一つである。それが少額の料金で一見したところ多量の記事を提供して、読む者に過大な時間とエネルギーを要求するからだけでなく、むしろ新聞は個性のない多種多様な内容で何千人もの読者の趣味と、新聞を読むだけにはもったいないほどすぐれた読書能力をスポイルするからである。

（ヘルマン・ヘッセ「書物とのつきあい」『ヘッセの読書術』草思社、二〇〇四年、所収、一四頁）

テレビは読書の敵だというのはよく聞く話だが、ヘッセによれば新聞もそうだということになる。

新聞の好きな日本人はそうは考えなかったようだ。例えば、自らも新聞記者であった、尾崎秀実氏の新聞の読み方はこうである。

……尾崎［秀実：引用者］は生きた中国の姿をジャーナリストとして貪欲なまでに吸収した。彼の勉強法は独特なものだった。赤と青の鉛筆でアンダーラインを引きながら、各種の新聞を一字のこさず、批判的に、しかもメモをとって読むという方法だ。これは尾崎の一高時代からの友人だった羽仁五郎（歴史学者）がすすめた方法だという。羽仁五郎は書いている。「新聞を通して何がほんとか、何がうそかをはっきり考えるのだ。日本がどう動くか、中華民国がどう動くか、新聞はそれをどう動かそうとしているのか、じぶんはどう動いたらよいか、これを知るために、生きるか死ぬかのしんけんの勉強として新聞を研究するのだ。……そうして、こういうふうに、じぶんが新聞をよんで考えたことを、同じように新聞をしんけんによんでいる友だちに話し、友だちの考えを聞き、討論してみるのだ。こうすれば、世界の動きがだんだんはっきりわかり、じぶんがどうしたらよいかがはっきりしてくる」

(「日本の現代史」)

羽仁五郎はこの勉強法をドイツのハイデルベルク大学に留学していたころ体得したのだった。尾崎は午前中の数時間をさいて、新聞を読むことを日課にした。新聞によってえられた中国社会の像が、中国各地の見聞で補強され、さらに正しい形で尾崎のなかに根を下ろしていったことはいうまでもない。

(尾崎秀樹『ゾルゲ事件——尾崎秀実の理想と挫折』中公新書、一九六三年、七一頁)

奥村宏『判断力』(岩波新書、二〇〇四年)も、この尾崎氏の新聞の読み方を紹介している。奥村氏は、「現実から学ぶ」最良の方法は、新聞の切抜きを作ることであり、考えながら切抜きを作るなかで次第に判断力が養われると教えている。おそらく、絶えず現実と向き合って自分の頭で考えるからであろう。

奥村氏や尾崎氏の方法は魅力的であった。時間はたっぷりとあるのだから、本当はこういう読み方をすべきだ。そう思った。しかし、思っただけであった。根っからの怠け癖がそう簡単に治るわけでもなく、「生きるか死ぬかのしんけんの勉強として新聞を研究する」ことも、切抜きを作ることもついにできなかった。それでも新聞を読むということに関しては、ドイツ人であるヘッセではなく日本人である尾崎氏を範にすることにした。

高松での最初の肩書は副支社長だったこともあって、自分専用の新聞を購読することができた。「希望される新聞はありますか」と尋ねられたので、「高松で読むことのできる一般紙を全部読みたい」と答えた。半分冗談のつもりでそう言ったのだが、担当者は律義にこれを実行した。中央紙四紙（『朝日』、『毎日』、『読売』、『日経』）と地方紙一紙（高松発行の『四国新聞』）が毎日届けられた。高松であるから、朝届けられる中央紙は大阪で編集された版である。本社の広報室からは、数時間か、一日遅れかで東京版の関連記事の切り抜きのコピーが届けられた。支社の広報担当はこのコピーも私に届けてくれた。

同じ新聞でも大阪版と東京版とでは記事の内容がずいぶん違うことがある。場合によっては、東京の事件でありながら、大阪版には載っていても東京版にはないものさえある。東京の関係者と同じ新聞を目の前において話をしていても、話が食い違うことがある。大阪版と東京版とで紙面構成が違うのがその原因である。場合によっては、その記事を書いた当の記者と話をしていても、そういうことがある。これは大阪以西で暮らさないと経験できないことであろう。

これを全部丹念に読めば、おそらく夕刻まで時間は潰れたであろう。しかし、しばらくすると東京版と大阪版との比較も含めて新聞を読むのには半日もかからないようになった。これは、僅かな事件を除いて、日本の新聞の記事はいずれも似たり寄ったりだからである。そのためどれでもいいから一つの新聞を丹念に読めば、それ以外の新聞を読むのは苦痛になるほどである。ここいら辺は日本の新聞特有の記者クラブ制度ゆえの貧困さからくるものかもしれない。

ジャーナリズムとしての新聞はまだ生きているのかという問いに対しては、ジャーナリズムをどう定義するかによって、様々な答えがあろう。「権力が隠そうとするものを暴いて、それを不特定多数の読者に伝えること」と定義するならば、日本の新聞は記者クラブを作った時点で半分死んでいる。これによって新聞は、記者クラブを通じて権力から提供される情報に頼ってしまう。そのことは同時に、権力にとって本当に不都合なことは新聞では暴けないことをも意味する。そんなことをしたら、権力から情報をもらうという便宜は期待できなくなってしまうからである。

このことは他ならぬ新聞人が一番よく知っているはずである。それにもかかわらず記者クラブから脱退しようという動きはほとんどない。情報が取れて初めて新聞の意味がある。情報が取れなかったら、権力を批判する前に、新聞が作れない。そういういかにももっともらしい理由がそれを正当化する。

半分死んでいるジャーナリズムとしての新聞には、では何が残っているか。あるとすれば、短い時間で誰にでもわかる平易な文章で、権力にとって不都合な「事実」を伝えることであろう。そこにジャーナリズムとしての新聞が存在する意味がある。こんな当たり前のことをわざわざ言うのは、この当たり前のことさえ、新聞はおろそかにしているように思えてならないからだ。高松で多くの記事を読んでいて「そうか、そういうことだったのか」と感じ入ったことは記憶する限りにおいて一回しかない。

そのコラムはこう書き出してあった「あなたに期待したのは戦争する国ではない。テロに怯えて周囲を疑う国でもない。あなたに期待したのは規律を失った政財官の大掃除だった。小泉さん、あなたは勘違いしている」。こう書き出して、当時大きな問題となっていたイラクへの自衛隊派遣をこのコラムは批判していた。（第二次世界大戦での）「数百万の犠牲と引き換えに手にした『戦わない決心』は決して生半可なものではない」。この国は、「戦わない」ことを憲法で誓った。コラムはその決心の重さをまず確認する。そして明瞭に語る。「イラクに行ってはいけない理由は危ないからではない。撃たれても撃ち返さない決心がないからだ」。

この文章を読んで、私は初めて「イラクに行ってはいけない」わけを理解できた。「戦わない」ということは「撃たれても撃ち返さない」ことだ。だからその決心がない以上、イラクであろうが、どこであろうが、「撃たれる」可能性のあるところに「撃ち返す」能力を持った武装集団（自衛隊）を送ってはならない。そうしない限り「戦わない」という決心は守れない。これほど明快な「事実」はそうはない。

この「事実」を、だが全国紙で読んだことはない。こういう「事実」を伝えられないのであれば、ジャーナリズムとしての新聞にもはや意味はない。それだけにこの「事実」を平明な言葉で伝えた地方の小さな新聞のことが一〇年以上もたった今でも鮮明に記憶に残っている。『四国新聞』二〇〇三年一二月一〇日のコラム「一日一言」がこの「事実」を伝えている。高松にいなければ、恐らくは読むことのなかったコラムであった。

本を読む

立場が立場だけに、気軽に外出するわけにもいかない。また若い職員と無駄話をするというのも気が引けた。まあ自分の机にじっと座っているのが無難であった。新聞を読み終わると、あとは自分の好きな本を読むか、何かものを書くかしかない。

本を読むのはそう嫌いなわけではない。高松に行くと決まった時も「すっかり埃のたまった本をもう一度開く時間もとれる」と思ったくらいである。高松に持っていく荷物は極力少なくしたが、本は例外だった。高松暮らしを大体半年（六ヶ月）と考え、六〇冊ほどの本を書棚から抜き出した。読みたかったが、雑事に追われなかなか読めなかった分厚い本や読むのに時間がかかる洋書がかなり含まれていた。カミさんは「こんなに持っていって、読めるの」と冷ややかな目で眺めていたが、「本なんていうのは、読めるかどうかではなく、読む気になるかどうかで選ぶものだ」という訳のわからない理由で、勝手に梱包した。

実際には高松暮らしは一年（一二ヶ月）に及んだが、最初に持っていった本はその半分（約三〇冊）しか読めなかった。カミさんのいうことが表面上は正しかった。しかし、これは持っていった本の他に、高松で手に入れた本や、途中で上京した際に自宅に立ち寄って、新たに高松に持ち帰った本を読んだというだけのことである。なかには、枕もとにあるだけで安心する本もあるのである。だいぶ言い訳がましいが、こういう心理はカミさんにはわからない。

最初の肩書は副支社長であったが、経験からこのポストでは仕事はそうはないとわかっていた。その上今回は左遷であるから、さらに仕事は少ないはずだ。ちょっと工夫すれば、いくらでも本は読めそうだ。そう思って、本は潤沢に選んだ。それに比例して気分はおおらかになっていった。それを横で見ていた口の悪い仲間たちは「世間は、片桐は島流しにあったと考えているけど、あんたは読書のための休暇としか考えていないじゃないか」とか、「本の何冊かとパソコンが一台あれば、あんたはどこでどんなポストを与えられようが、何の苦痛も感じないじゃないか」とかと文句を言っていたが、実際その通りであった。その上、ブツブツ言っている仲間たちには、「別に俺は勝手にそうするわけではない。藤井さんの命令でそうするんだ。文句があったら藤井さんに言え」と反論すれば済んだから、気楽なものであった。仲間たちの文句が増えるなかで、こっちは「人生には予想もしない拾い物があるものだ」という気分になっていった。[注12]

注12 実は「本を読む生活」に関しては、必ずしも「予想もしない拾い物」というわけではなかった。今回の道路公団の民営化に関する作業は一九九八年の暮れから少しずつ始めた（後述する民営化に関する「古いメモ」の最初の日付は一九九八年一一月二〇日である）。そして翌年（一九九九年）の大晦日の日記に私は次のように書いている。

［道路公団改革の仕掛けが］「うまくいく」「成功する」確率は極端に低い。しかし全力を挙げてこれに取り組み、こと敗れた時は——おそらく来年にはそれは明らかになるであろう——静かに「本を読む生活」を送ろうと思う。

失敗が明らかになったのは二〇〇〇年末ではなく、二〇〇四年の初めであったが、予想通り失敗した。そしてそれ以降というより、高松に行った途端に私は、「本を読む生活」を始めてしまった。こうなることを知っていて、作業を始めたわけではないのだが、「初めからそんな可能性を考えていたから道路公団改革は失敗したのだ」と言われると反論に窮する。

関係者の一人から、「片桐さんはよく腹が立たないね。えらいね」と半ば呆れ顔で言われたことがある。その時は、「一々腹が立っていたんでは身が持たないですからね」と答えた。しかし、後でよく考えたら、「腹が立たない」理由は別にあったような気がする。この作業を頭のどこかで「よそ事」のように冷ややかに見ている自分がいたような気がしてならない。成果を一切期待することなく、周囲をかき回すだけかき回して、それでもって「よし」とする、ただの「破壊者」のような心情が心のどこかにある。だから、事態がどうなろうと腹が立たないのだ。もとより「成功」を目指していないのだから、「失敗」を残念とも苦痛とも思わない。そんな心情では腹の立ちようがない。協力を惜しまない関係者や、職を賭してこの作業にかかわってきた職員には申し訳ないことこの上ないが、これが「腹が立たない」理由のように思えてならない。

こういう人間は早い段階で消えていくべきなのだ。いつまでも改革作業にかかわることは許されない。本当にそう思ったことがある。

寺島珠雄氏という前世紀の末に死んだアナキストがいた。詩人でもあった。彼が書いた最後の本『南天堂』を私は高松に持って行った。読みたいと思って入手しておきながら、どうしても読めなかった本である。これを高松で読んだ。東京から高松の宿舎までやって来たジャーナリストが本箱にあったこの本を見つけ、「渋い本を読んでますねぇ」と羨ましそうにつぶやいた。そのつぶやきが実によく理解できた。この本を読むにはある環境が必要なのだが、喧噪の東京で時間に追われるような生活をしていたのではこの本は読めない。高松にいた頃の私のような状況で初めて味わって読める。『南天堂』を筆頭に、高松にいたからこそ読めた本は随分多い。このジャーナリストはそれを知っていたのだと思う。私は傷に塩を塗り込むことになるのを承知で、「うん、いいでしょう。やっと読めるんですよ」と答えて、彼のコップにビールを注いだ。彼はビールを飲もうともせずに、しばらく『南天堂』を見つめていた。彼の思いがわかる気がした。

この本の「解説」の末尾に紹介されている、「われら」（寺島氏の詩集『まだ生きている』一九六八年、所収）という詩がある。

前衛でなく
同盟軍でなく
無論主力ではなく
うしろに控えもせず

過程に奮迅して斃れつつ
新たな過程を現出せしめる
非編成軍団

擦過する
血をもてる影
の　ごとき

この詩が好きであった。とりわけ、「過程に奮迅して斃れつつ／新たな過程を現出せしめる／非編成軍団」という一節が好きであった。理由がある。高松を去る直前に私はリス企画のメンバーから、当時の道路公団の幹部課長が私を次のように批判しているという連絡を受けた。「あの人の主張は間違ってるとは思わない。やり方がちょっとおかしかったとは思うが、それもまあいい。おかしいと思ったのは、気心の知れた人間ばかりを回りに集めるやり方だ。『片桐学校』という言い方もあるんだよ。ああいうのがなければよかったと思うんだがなあ」。

驚いた。私は学校を作って、そこで何かを教えるとか規則を強制するとかということは全くしなかったはずだ。私が原則としたことは、気取って言えば「個別自由の意志と行為を留保しつつ戦列に立つこと」であり、それは竹中労氏が『断影大杉栄』（ちくま文庫、二〇〇〇年、八五頁）で指摘したように、アナキズムの組織原則そのものであった。学校などでは決してなかった。民営化という運動への参加者達は、あくまで「その一人一人が彼自身で行動の決定をしなければならない」（G・ウッドコック『アナキズム』白井厚訳、紀伊國屋書店、一九六八年、上巻、三二頁）と考えていた。それが私たちの組織的弱点であったことは認めるが、私はそれを改めようと思ったことはない。自分達の運動がどういうものであったかを振り返るつもりではなかったが、高松では、『南天堂』を皮切りにアナキズム関係の本を随分と読むことになった。おそらく、高松に行かなければ読めなかったと思う。

高松に行かなければ読めなかったであろう本はこれ以外にも随分ある。高松に持っていった本の中には数は少ないが、洋書もあった。元来が外国語が苦手で辞書を頼りによちよち読む程度しかできない。だから読むのにひどく手間取る。しかし高松でなら読めるかもしれないと思った。よせばいいのにドイツ語で書かれた本まで持っていった。Peter Schyga „Kapitalismus und Dritte Welt" もその一冊であった。この本はずっと昔に一度読んだことがあるのだが、ろくに理解できず、もう一度読まなければならないと思いながら、それができずにいた。高松で八年ぶりにこの本を読み返した。内容はすっかり忘れていた。この本のなかで、ローザ・ルクセンブルクが、日常活動（党活動）に頻繁に中断されながら、後に『資本蓄積論』として結実する経済学の研究を楽しみながらやっていたことが当時の彼女の手紙からわかるということが紹介されていた。彼女の天分がなせる業である。私にはその天分がまるでない。それで、道路公団改革という日常活動の傍らの作業として経済学の研究をするのではなく、この日常活動をしばらく脇に置いて、しかも研究などという高尚なことではなく、楽しみとしての読書に耽ることにした。

ほとんど濫読であった。ある日の日記には、次のように書いた。

朝から夜まで、ほとんど途切れることなく文字（書籍と新聞）を読んで過ごした。かなりの量を読んだことになる。少し目の使いすぎではないかと思うほどだ。

ただ新聞も、そして読んでいる何冊かの本も皆面白い。現時点でこんな風に大量の読書ができるということは、民営化作業の失敗を意味するのであろうが、やるだけのことはやったという思いがある。今は「読書」の季節だと割り切ることにしたい。

速読は苦手である。だから、こんなふうに一日中本を読んでいても、読む本の量がべらぼうに増えるということはない。ただ、まとまった静かな時間がなければ読み切るのは難しい、と考えていた多くの本を高松で読むことができた。これは幸せなことだった。

読書にいい場所

単身赴任であり、部屋は余るほどあったから、宿舎は読書の場所としてなんの不都合もなかった。宿舎の海の見える北側の部屋でビール片手に読むのは愉悦であった。別に読書の場所を探す理由はなかった。

それでも気分転換は頻繁にやった。宿舎の近くに屋根付きの歩行者用通路があった。聞いたところによれば、高松の歩行者専用通路の総延長は日本一長いという。そしてその大半はアーケードで覆われている。雨の日も傘を持たずに歩ける。また日差しの強い日も日光を気にする必要もない。あちらこちらに置かれているベンチはその御蔭で実にいい休憩場所になる。最初は、道行く人を眺めながらこのベンチで本を読もうとした。

これはすぐにやめた。先にも触れたように、ベンチで本を読んでいて知り合いに会うことが何回かあったからである。小さな街で、人が集る場所が限られているために、本当によく知人に会った。ベンチで本を読んでいると、怪訝そうに「何をしているんですか」と尋ねられる。見れば、本を読んでいるとわかりそうなものだが、ベンチというものは本を読む場所ではないと思っているらしい。説明するのも面倒で、「うん、チョッとね」と説明にならない答えでごまかした。それでベンチで読むのは断念した。注13

注13　私が最初に利用したのは兵庫町のベンチである。兵庫町は丸亀町通りに直角に交わる通りであるから、かなり人の行き来も多い。ここではいろいろな人を見た。托鉢している僧侶もよく目にした。

ある時、ベンチに墨衣の托鉢僧が座っていた。普通、托鉢僧は立ちづめのものだが、彼らとて疲れることはある。ベンチで休みたくなることもあるのであろう。彼は両手に何かを抱えてそれに見入っていた。何を読んでいるのだろうと気になる（通勤電車で傍の乗客が何かを読んでいると、自分の読んでいる本よりも、そっちの方が気になるという悪習が私にはある）。そっと覗き込んだら、托鉢僧はＴＶゲームに興じていた。仏典を読むのならわかるが、ＴＶゲームとは驚いた。深い笠を被っていたため、年齢は判断できないが、背中からは疲れが伝わってくるようだった。彼は一体、いかなる理由で僧形となり、何が原因でここでＴＶゲームに興じているのか。聞いてはならないことであるが、様々な瞬間が人生にはあるものだと思った。

あとは定番の喫茶店である。宿舎から数分のところにいくつかいい喫茶店を見つけた。部屋での読書に疲れると、喫茶店に場所をかえた。喫茶店での読書には一つだけ難点がある。読書のための時間をあえて割くということから、読書がある種の課題的作業となってしまう。それを覚悟すれば、喫茶店は読書にはいい場所である。読みたいと思う本を一冊だけ持って喫茶店に行く。あまり長時間居座っては営業妨害になるから、四五分あるいは五〇分を限度に時間を区切って読む。こうするとかなり効率的に読める。注14

注14　喫茶店は一年間を通してよく利用したが、今から考えると、単に読書のためというわけではなく、むしろ人の声を聞きたくて通ったような気がする。特に休日はそうであった。先に触れたように、私

は「一室に安んじて独りいること」にそう抵抗はなかった。ただ、そうやっていると、人の声が全く聞こえなくなる。もちろんラジオやCD、場合によってはテレビで人間の声を聞くことはできる。しかしそれは「生の人間の声」ではない。金曜日に宿舎に戻ってくると、通常は「生の人間の声」はもう聞けなくなる。場合によっては、職場でさえそういう状況が生じる。聞けたからといってどうなるものでもないが、長時間「生の人間の声」が聞けないと、無性にそれが聞きたくなる。喫茶店には静かな音楽しか聞こえてこない店もあれば、街の雑踏の中にいるような喫茶店もある。本を読むのであれば前者がいいが、「生の人間の声」を聞くためには後者に限る。その後者の喫茶店にもよく行った。読書のためだけだったら、そんな喫茶店に行くことはないはずだ。

その手の喫茶店で不思議な光景に出合ったことがある。一つは洗面所で若い女性が歯を磨いていたこと。最近は仕事場の洗面所で歯を磨くのは珍しくもなんともないが、喫茶店の洗面所で歯を磨くというのは、それも若い女性がそうやっているのは、高松に行くまで見たことがなかった。そして高松から戻っても、まだ一度もない。喫茶店の洗面所で歯を磨くというのは高松だけの現象なのであろうか。

もう一つは、セルフサービスの喫茶店で私の前に並んでいた客が「アメリカン、濃いめ」と注文し、店員が平然と「はい、アメリカン濃いめですね」と応じていたこと。安い喫茶店だから、コーヒーの種類がそう多いわけではない。そんな店で「アメリカン、濃いめ」なんてものがあるのか。あんまり驚いて、それがどんなコーヒーなのか、聞くことも忘れた。この時は気になって、ろくに本も読めなかった。

「アメリカン、濃いめに」とは、「辛口カレー、甘めに」という注文のようなものである。濃いコーヒーを飲みたかったら最初からレギュラーコーヒーを頼めばいいじゃないかと思うのだが、いまだに「濃いめのアメリカンコーヒー」なるものがどんなものか想像もできない。

何事も経験であるから、今度は自分も「アメリカン、濃いめ」と頼んでみようかとさえ思ったが、どうも「甘めの辛口カレー」を頼むような気がして、今一つ気乗りしないで、とうとうその機会を得ないで終わった。「アメリカン、濃いめ」という注文はまだ高松にあるのだろうか。残念ながら、というか、当たり前の話というか、「アメリカン、濃いめ」という注文は高松以外ではいまだに聞いたことがない。

あとで知人から、「アメリカンコーヒー」というのはコーヒー豆の焙煎の仕方のことをいうのであるから、それを「濃いめ」に淹れるということは十分あり得るということを聞いた。しかし、あんな安い喫茶店がコーヒー豆の焙煎度合いでレギュラーとアメリカンを分けていたのであろうか。

読書にとって喫茶店よりももっといい場所、というよりは一番いい環境は、「他にやることもないから読む」ことだと思う。その点では、長田弘氏が『人生の特別な瞬間』（晶文社、二〇〇五年、九八頁）で「いつでもすばらしい書斎と思うのは、遠くへ行く列車の指定席だ」と書いたのは、実感としてわかる。列車の中では他にやることもないからのんびりと本を読むしかないのである。たしかに列車の中では「時間を静かに使えるときでなければ読めないような本」をゆっくりと読むことができる。

しかし高松に来て「遠くへ行く列車の指定席」よりももっといい「書斎」を見つけた。それは離島に向かう連絡船（フェリーボート）である。波のほとんど立たない瀬戸内の海を連絡船はのんびりと進む。晴れた日はデッキのベンチで、雨の日はガラガラの船室の片隅で、静かに流れて行く時間のなかで、時折海と島を眺めながら読むというのが、読書にとっては最高の環境だと思う。どう考えても、連絡船からの眺めのほうが列車からのそれよりも単調である。しかも潮風は、締め切った列車の車内よりもはるかに心地よい。したがって、過ぎゆく風景をそう気にすることもなく、かつ快適な風に身を任せてひたすら本を読むことができるのである。長田氏が瀬戸内の連絡船での読書を経験したら、「書斎」としてはまちがいなく連絡船を列車の上位に置くのではないだろうか[注15]。

何度か連絡船の上でこの極上の読書を味わった。この快適さは言葉ではちょっと表現できない。「宝の無駄遣いのような話」で四国の人たちの観光資源の使い方の下手さ加減に触れたが、連絡船での読書の良さをほとんどアピールしていないのも、それに含まれると言っていい。読書にあまり興味のないパートナーと一緒に連絡船に乗るのであれば、パートナーには編み物か何かをしていてもらえばいい。そうすれば二人で豊かな時間を共有できる。どうして、このことを多くの人間に教えないのだろうか。四国の人々は連絡船があまりに身近にあるために、その良さに気がついていないのであろうか。

高松を去って以来、連絡船のデッキほどの「読書にいい場所」はまだ見つけられないでいる。連絡船での極上の読書を味わうためだけにまた高松で暮らしてみたいと思うほどだ。

注15　船の上の読書一般には全く欠点がないというわけではない。最大の欠点は、鶴見祐輔氏も指摘しているように、読みすぎるということである（鶴見祐輔『欧米大陸遊記』講談社、一九三三年、七八頁）。ただ、鶴見氏の場合は太平洋を船で横断する長旅での危険であって、瀬戸内海の小島までの数時間の船旅であれば、そんな危険はない。またいくら読み耽っても、電車と違い、駅を乗り過ごすということもない。せいぜいが船員に「着きましたよ」と声をかけられる位だ。

本を探す

本を読むとしても、新聞と違って、本にはそれをどう入手するかという問題がある。結果的には、これについては何の問題も生じなかった。ただそれは多くの方たちの好意の御蔭でもある。

その一　宮脇書店

高松の前任者は同期入社のＫ君だった（Ｋ君のことについては注2で触れた）。転勤の辞令が交付される前に、引き継ぎのために高松に行ったが、Ｋ君が空港まで迎えにきてくれた。波止場の小奇麗なレストランで昼飯を食べた。そして、そのあと、四国支社で業務内容の説明を受けることになっていたのだが、Ｋ君は支社に行く前に寄り道をした。

「これがお前には一番重要だろうから、今日案内しておく」。そう言って、支社の裏手にある卸売り団地のなかの倉庫のような建物の前まで連れて行ってくれた。私は、「倉庫か」と尋ねた。「いや、本屋なんだ。俺の感じでは、東京の本屋でもこれだけの在庫を持っているとこは少ないと思う」。K君はそう言ったが、この時は車の中から所在地を確認しただけだったこともあって、高松のような地方都市にそんな本屋があるとは信じられなかった。

K君の言ったことが本当だったことはすぐにわかった。赴任した直後にこの倉庫のような本屋に入って、その在庫量に驚いた。そこが、高松で一番世話になった「宮脇書店カルチャースペース」であった。宮脇書店の支店の一つである。たしかに支店の一つなのだが、宮脇書店全体の配送センターのようなもので、私の頭の中では最後まで「倉庫のような本屋」であった。あとでわかったことだが、宮脇書店は小さなコンビニ並みに高松の至る所にあり、そして宮脇書店以外の本屋を探すのに苦労するほどだった。高松空港に降り立って、高松駅まで行く間の、バスの中からだけでも相当の数の支店を眺めることになる。

「倉庫のような本屋」は配送センターの機能を果たすついでに小売もやっていると思えばいい。そのせいでレイアウトが普通の書店とは違っていた。普通であれば、テーマ別に、こっちの棚は文芸書、そこは社会科学関係、実用書は向こうの棚といった具合に並べてある。この「倉庫のような本屋」は違う。出版社別に並べてある。だから同じジャンルの本があちこちに点在する。やたらと広い倉庫のあちこちに関連した書籍がバラバラに置いてあるのである。目算もなしに探し回るとえらい目にあう。だから検索用のパソコンが何台か置いてあった。欲しい本の書名か著者名かを入力すると、その本が倉庫のどこにあるか、あるいは置いてないかがわかる仕組みになっていた。前にも後にも、出版社別の陳列というのはこの「倉庫のような本屋」以外に経験したことがない。

「倉庫のような本屋」は支社から歩いても一〇分足らずの場所にあったから、平日にも簡単に行けた。朝、新聞で気になる本を見つけたら、昼休みに散歩がてらに出かけ、本があればその場で買う。新刊書では、ない本はほとんどなかった。相当古い本でも、かなり専門的な本でも、「版元品切れ」でない限り、この本屋で十分だった。

ここで古い有斐閣選書『ケインズ一般体系入門』（浅野栄一著）を探した。一冊だがちゃんと在庫があった。しかし、随分くたびれた本だった。奥付を見ると、一九九三年の一四版とあった。これだけ版を重ねているのだから、それまではかなり売れた本だったのだろうが、それ以上は版を重ねることはなかったらしい。そしてこの本は出荷されてから一〇年以上、この「倉庫のような本屋」の書棚で眠っていたことになる。有斐閣は買い切り制の出版社ではないはずだ。売れなければ返品すればいいのにそれをしないということである。こんなことが何回かあった。その都度「よく手に入ったものだ」と思ったが、こういう経験をしたのもこの本屋が初めてであった。

勤務のある日はこの「倉庫のような本屋」で用が足りた。「倉庫のような本屋」でありながら、この本屋は休日も開いていたように思うが、休日はどうしても近所の本屋で済ませることが多くなった。本屋は歩いていける範囲にいくらでもあった。何軒か見てまわるうちに、休日と帰宅後に出かける本屋は丸亀町の「宮脇書店本店」に落ち着いてしまった。これは宿舎から歩いて五、六分のところにあった。シャッターが下りている店が目に付くとはいえ、それでも丸亀町商店街は高松で一番にぎやかな商店街である。そこにいけば生活の用はほぼ足りた。「宮脇書店本店」はそこにあった。

理由は自宅から近いというだけではなかった。「倉庫のような本屋」でも随分珍しい本を見つけたが、「宮脇書店本店」にも奇妙な本があった。「宮脇書店本店」は一見するとどこにでもあるやや大型の新刊書店である。ただ、あちこちに普通の新刊書店では返品するような類の本でさえも置いてあった。

高松に行ってから一ヶ月位してからのことだと思う。ある休日、いつものようにぶらっと町に出てこの本屋に立ち寄った。探している本があるわけではなかった。文庫本のコーナーで漫然と背表紙を眺めていた。そしたら、都留重人氏の『近代経済学の群像』が目に飛び込んだ。自慢になる話ではないが、私はこれまで近代経済学をまともに勉強したことがない。だからこの本のタイトルには全く関心がなかった。目に留まったのは、この本が社会思想社の現代教養文庫の一冊だったからだ。

消費税導入の際に、各出版社は書籍の一冊一冊に刷り込まれた価格の表示を変更する必要に迫られたが、社会思想社は、それが旨く処理できないことも手伝って、経営不振に陥って、なくなったと聞いた。そして現代教養文庫も消えた。この文庫には個性的な本が数多くあり、その何冊かは私の書棚の片隅にもある。だからこの文庫がなくなったと聞いたときは、消費税などというろくでもない税金の、眼に見える犠牲の一つだと憤慨すると同時に、もうこの個性的な文庫が読めなくなるのかとがっかりした。現代教養文庫が本屋の書棚から消えてもう何年もたっていた。その現代教養文庫が新刊書店の目の前にあるのだ。自分の目を疑った。確かめた。間違いなく現代教養文庫であった。内容はともかく、まだ現代教養文庫が手に入る。そう思って、内容とは無関係に、かつて親しんだ文庫に対する「葬送の記念」として買ってきた。

とうに潰れた出版社のそれも安価な文庫本を何年も書棚に置いておくという精神は、商品展示スペースの有効活用や、資金の効率的回転という観点からすれば、言語道断であろう。当たり前の話だが、そんな本屋はほとんどない。しかし、こうした本に愛着を感じる少数の読者にとっては、こんなに有り難いことはない。なくなった現代教養文庫の一冊を「宮脇書店本店」で見つけたことだけで、夜間と休日に利用する本屋は決まったようなものである。その上、宿舎からはすぐ近くである。何かの用件でJR高松駅を利用した際に、時間つぶしに駅ビルの本屋で立ち読みし、そこで衝動的に何冊か本を買ったことはあったが、それ以外に新刊書を「倉庫のような本屋」と「宮脇書店本店」以外で買った記憶がない。

宮脇書店が高松の至る所にある理由がわかる気がする。目先の営業を考えれば全く非効率のものでも、少数の読者がそれを望めば、とにかく置いておく。そうすることによって、読者は「まずは宮脇書店に行って探してみよう」ということになる。そして、本屋に行く人間はえてしてそうだが（自戒を込めて言えば私も例外ではない）、本屋の書棚の前に立つと、つい衝動買いに走る。宮脇書店にしてみれば「蝦で鯛を釣る」ようなものだが、本を買う立場からすれば、「予期せぬ収穫を得る」と思い込むという、不思議な、つまりどっちも得をするという、いささか信じ難い関係が生まれる。

私もこの時、『近代経済学の群像』のほかに何冊か買った気がするが、私にとっては、『近代経済学の群像』そのものが全く「予期せぬ収穫」であり、この小さな文庫本を手に、名状し難い幸福感に包まれて繁華街を歩いた記憶がある。

「予期せぬ収穫」は『近代経済学の群像』を入手したことだけには留まらなかった。先にも触れたように、私はこれまで近代経済学の勉強をきちんとやったことがなかった。大学は経済学部を卒業したことになっているが、そこで学説あるいは理論としての近代経済学を学んだ記憶はない。卒業してからしばらくして、用があって「成績証明書」を何通か送ってもらったことがある。「開封無効」として厳封してあったが、そのうち一通を開封してみた。一応卒業はしていたから所要の単位は取ってある。しかし、その単位の対象である科目に関しては、どういう授業を受けたのか、まるで思い出せない。例えば「農業経済」という科目があった。この単位を取得したとあるが、どんな教員にどんな講義を受けたのか、またどんな試験だったのか、一切記憶がない。記憶がない理由は容易に想像がつく。それでも単位が取れる理由についてはここでは触れないでおこう。

それなのに、どういうわけか民営化委員会事務局に出向していた頃、「片桐は市場原理主義者だ」と批判されたことがある。この噂を複数の新聞記者から聞かされたときは本当に驚いた。私の頭の中では、市場原理主義とは市場に任せればすべてはうまくいくという単純極まりない発想であり、最も悪しき新古典派＝主流派経済学の専売特許のようなものであった。高松を去ったあとに読んだ本にあった文章だが、市場原理主義に関する次のような批判に私は今も全面的に同意する。

市場原理主義者がストックホルダー・カンパニー論者であり、所得不平等容認論者であり、通貨政策論者であり、ハンセンへの思想攻撃のように、アメリカン・ファシズムと地下水脈で通じていることを忘れてはならない。

（伊東光晴『日本経済を問う』岩波書店、二〇〇六年、二一七頁）

私は様々な経済学理論を（主として大学を卒業したあとで）聞きかじったが、少なくとも新古典派＝主流派の理論を学んだことだけは一度もなかった。その私が市場原理主義者だと批判されたのである。批判した人間は市場原理主義がどういうものであるかを知っていて私を批判したのか、むしろそれが不思議になった。

大学時代に見向きもしなかった「近代経済学」であるが、思いもかけぬ形で『近代経済学の群像』を入手したのも何かの縁であろうと思い、またせっかく「片桐は市場原理主義者だ」と批判されたのだから、市場原理主義の基礎となる理論を一応は知っておいたほうが良いだろうと考え、暇をいいことにのんびりと読み始めた。都留氏の「近代経済学」は狭い意味での新古典派＝現代経済理論の主流派をさすわけではなかったことを、私はこの本を開くまで知らなかった。都留氏の「近代経済学」は制度派やケインジアン、さらには新リカード派といわれる学者までもカバーしていた。ともかく批判の対象としての新古典派＝主流派経済学にも、もう少し勉強してみる価値はありそうだということを私は『近代経済学の群像』で知った。それで何冊かの近代経済学の本を読んだ。

越後の片田舎で育ったせいか、米のメシがないとどうにもならない。その意味では「人はパンだけでは生きられない」ということを私は肌で、いや胃袋の実感で理解できる。「パン」などはそれがなくとも生涯困ることはないと思っている。ガチガチの新古典派＝主流派経済学は私にとっては、パン、それも味のしないパンを齧っているようなもので、数冊読んだだけで、「自分にはあわない」と確認し、それ以上は敬遠した。結局は読んだ本の大半は近代経済学のなかでも「異端派」に属する人たちのものになった。しかしそういった本や、安井琢磨『近代経済学と私』などといったものは、都留氏の『近代経済学の群像』を読まなければ決して手にすることはなかったであろう。その意味では、この本は、大げさに言えば、私に新しい世界を見せてくれたことになる。五〇歳を超えてから近代経済学の本を読むとは自分でも信じられなかった。「宮脇書店本店」で奇跡のように入手したこの本は、その契機を私に与えてくれた。[注16]

注16　『近代経済学の群像』はその後、二〇〇六年に岩波現代文庫で復刊された。復刊されるべき本だと思っていたが、復刊の知らせを聞いた時、私は書棚の片隅においてある現代教養文庫版の『近代経済学の群像』を取り出し、高松時代を思い出した。私にとっては『近代経済学の群像』は、全く未知の世界であった近代経済学を僅かながら知ることになった一冊である以上に、高松での思い出につながる一冊であった。私は『近代経済学の群像』の復刊を告げる広告を見ながら、常人には理解困難なささやかな優越感を感じながら、現代教養文庫版の『近代経済学の群像』をなでまわした。こうなる

と、ほとんど「書痴」である。

その二　リバー書房

上述の安井琢磨『近代経済学と私』は一九八〇年に木鐸社という小さな書店から出版された本である。当然もう版元品切れになっていた。古本で手に入れるしかなかった。しかし、古本の入手自体は高松にいてもそんなには困らなかった。インターネットで簡単に探すことができたからだ。

私は希覯《きこう》本や初版本には何の関心もなかった。普及版でも重版でも中身がわかればそれで十分だった。したがってほとんどの本はインターネットで探すことができた。居ながらにして、探している本が日本全国のどの古本屋にあるかがわかる。これで古本屋を歩き回るという苦労がなくなった。高松でもインターネットをずいぶん利用した。『近代経済学と私』も最初は岡山県倉敷市の古本屋にあることがわかった。「何だ、橋を超えた向こうではないか」と思ったくらいだ。しかし橋一本向こうでも、行くとなるとやはり時間がかかる。メール一本で届けてもらえるというのは、実に楽であった（ただし、この時は一足違いで入手できず、後日、九州の古本屋から届けてもらった）。

もっとも、こんなふうに楽をすれば、失うものが出てくるのは当然である。古本屋街を汗をかきながら歩き回り、目当ての本にめぐり合った時の、言いようのない喜びはなくなる。随分前に、ある絶版書がどうしても欲しくなり、一日休暇をとって、「今日は神田神保町中のすべての古本屋を歩き回って探す」と心を決め、靖国通りにある古本屋を東側から一軒一軒尋ねて回った。僅か四、五軒目で、「ああ、ありますよ」と言われた。一瞬拍子抜けした。老年の主人が奥からその本を持ってきてくれた時は、「一日中、探す」という決意があっという間に無意味になった虚脱感に襲われるとともに、この老人の髪の薄い頭から後光が差しているような思いを体験した。こんな感激はインターネットにはない。

今はもうなくなった新宿西口の場末の小さな古本屋で、何気なく本棚を眺めていて、岩波文庫の希覯本中の希覯本が無造作に置いてあるのを見つけた。本棚の文庫本は一律五〇円であった。この希覯本も例外ではない。「これは宝くじに当たったようなものだ」。そう思って、五〇円の本をなでるようにして家に持ち帰った。こういう幸運を味わうこともインターネットではありえない。

欲しい本はインターネットで探せばいいが、何か予期せぬことに出会うためにはやはり古本屋に行くしかない。そして、新刊書店には決してない、あのどこか黴臭いような、古本だけが持っている「歴史が詰まった匂い」は、古本屋の店内でしか味わえない。古本好き以外にはいささか理解困難なことかもしれないが、古本の好きな人は大半が古本そのものだけではなく、古本が静かに息をしている古本屋も好きなのである。だからいくらインターネットが充実しようと、古本屋がなくなることはあるまい。

高松では、古本を探すことには苦労しなかったが、あてもなく古本屋を歩くという楽しみはなくなった。「歴史が詰まった匂い」を持つ古本屋は一軒しか見つけることができなかったからだ。古本屋が極端に少ないことは、少しこたえた。これは高松で暮らす極僅かな短所であった。

見つけた古本屋は、高松駅に向かう大きな通りにあった。名前は「リバー書房」といった。そこにフラッと立ち寄る。だが、「次の古本屋」がない。「リバー書房」に行って帰るだけである。これでは古本屋「巡り」はできない。しかし、それでも古本屋が一軒もないよりはましである。そう思うことにした。

この古本屋は、宿舎からは比較的近い場所にあった。しかし、日頃通ることのほとんどない、高松駅に向かう途中にあった。そのために、気がつくのに随分と手間取った。高松に行ってから二ヶ月もたった八月の日曜日に町をブラブラと歩いていて見つけた。その日の日記には次のように書いてある。


ＪＲ高松駅から中央通を兵庫町に向かって歩いている時、リバー書房という小ぶりな古本屋を見つけた。探せば結構いい本がある。今日は文庫本を二冊買った。うち一冊は、アテネ文庫の『唯物論入門』（梅本克己）である。これがなんと二〇〇円で手に入った。こんなところでこんな本が手に入るとは驚きである。また時間がある時、この店で古い本を探したいものだ。

『唯物論入門』を二〇〇円で入手することが申し訳ないような気がして、一人で店番をしていた、古本屋の親父にしてはまだ若い店主に「ほんとにこんな値段でいいの」と訊いてしまった。どこでもそうだが、古本屋は暇である。若い店主は待っていたかのように話を始めた。それがきっかけで高松の古本屋事情を彼から聞いた。読み終わった新刊書を安く買い取り、それを売るという古本屋ではなく、そんな店では引き取ってくれそうもない古い本や版元品切れ等の理由でもはや流通経路から消えている古い本を主として扱う古本屋は高松には三軒しかない。場所も教えてくれた。しかし、他の二軒は相当離れている。それで、高松にいる間は、この「リバー書房」で「歴史が詰まった匂い」を嗅ぐことにした。

古本屋に行く楽しみの一つは先にも書いたように、思ってても見なかった本に巡りあうことである。「リバー書房」でも何冊かそういう本に遭遇した。しかも、印象では東京（神保町や本郷）の古本屋よりかなり安い値が付いていた。もっとも、商売ッ気のない店主は、そのことを気にとめる風でもなかった。

残業はしなかったし、酒を飲むこともそう多くはなかったから、時間はいくらでもあった。家に帰ってから夕食がてらに外出し、そのまま「リバー書房」で古本の匂いを嗅ぎながら立ち読みし、何冊か安い本を買って帰るということが随分とあった。閉店時刻は遅かった記憶がある。もっとも開店時刻も遅かった。午前一一時である。その上、その開店時刻さえ守られないということもあったが、これは古本屋には珍しいことではない。朝早くから行こうと思わなければいい。大体が「時間に正確」なことと「いい古本屋であること」とは両立しないのではないかと、経験的に思う。

安い本しか買わなかったから、「リバー書房」にとってはいい客ではなかったと思うが、この古本屋の御蔭で、私の「高松散歩」はいいアクセントを見つけることができたように思う。ただ、リバー書房の店主にはお礼も言わずに高松を去ってしまった。それが少し心残りである。

その三　香川大学と高松市立図書館

本は買って読むか、借りて読むかである。高松では借りて読むのに不自由はなかった。二つの図書館が自由に利用できたからである。

高松は二度目の単身赴任であり、最初のそれは仙台で経験した。この時も恐ろしく暇であり、当時東北大学にいた渡辺寛教授を知ることになった。そして教授にそそのかされるような形で経済学の研究を始めることになった。教授は私が仙台から東京に転勤するに際して、「東京に戻っても研究は続けろ」と言われ、在京での研究会に参加する手はずを整えて下さった。

年に二回、主として箱根で開かれたこの研究会で私は様々な経済学研究者を知ることができた。半田さん（東北学院大学教授）もその一人である。半田さんは私の高松赴任を聞いて、「高松に行ったらすぐに香川大学に行け。経済学部の岡田助教授にお前が高松に行くことを伝えてある」と言ってきた。それで、着任後ほどなく香川大学に行って、岡田さんを訪ねた。半田さんからは過大評価というしかない私に関する詳細なプロフィールが岡田さんに伝えられてあった。そして、「どうせ暇なんでしょうから大学の研究会に是非出てください」と言われた。

「暇だけど、大学の研究会に出て論議できるような蓄積はありません」

「片桐さんには公表された論文や著書もあるじゃないですか。また最近はスラッファの研究をしていると半田さんから聞きました。そのことを報告していただけませんか」

そういうやりとりで、香川大学の経済学部と法学部の教員の研究会に参加することになった。その上、岡田さんから「研究書や論文で必要なものがあったら、指示して下さい。大学の図書館にあるものは何でも利用できるようにします」とまで言われた。

岡田さんをはじめとして、香川大の研究会で知り合いになった何人かの研究者から、多くの文献を手配していただいた。実は、高松に行くことになった時、専門的な雑誌の論文や入手の困難な専門書の閲覧はたぶん無理だと考えた。そして、それを理由の一つに、高松にいる間は、経済学の研究はあまり無理をせず、厄介なものは先送りにしようと考えていた。それがこの申し出で狂ってしまった。経済学の研究にも何の支障もなくなったからである。とりわけ岡田さんとの話の中で出てきたスラッファの研究（これについては後述）は、東京にいる頃は、本当の独学であったが、香川大にはこの分野の研究者がいて、彼らから多くのことを学ぶことができた。その意味では、研究環境は東京にいる時よりもかえって良くなった。

高松には、公立の図書館として、香川県立図書館と高松市立図書館があった。しかし県立図書館は旧高松空港の跡地にあって、歩いて行くには少々無理があったのでもっぱら市立図書館だけを利用するようになった。

閲覧だけでもそう不自由はなかったが、借り出しもできればもっとよかった。しかしこれは最初から諦めていた。高松での勤務は長くあるまいと考えていた。それで住民票は千葉に置いたままであった。だから高松での住所を証明するものがない。これでは借り出しに必要なカードを作ってもらうことは無理だ。そう思い込んでいた。

ある日、高松に来ていたカミさんが暇つぶしに本を読もうと思って市立図書館に行った。古い本だったから書庫にあったらしい。書庫から出してもらいカウンターで受け取ろうとしたら、「借り出しはされますか」と尋ねられた。

「できれば借り出したいんですけど、夫が単身赴任で高松に来ていて、私は数日間の予定でそこに来ているだけなんです」

「でしたら、ご主人の名前で借り出すことができますよ」

「でも主人も住民票を高松に移していないんです」

「高松のご主人宛の手紙かハガキはありませんか」

カミさんは偶然、私宛のハガキを持っていた。百間町の宿舎の住所が書いてある。それを担当者に見せた。

「これで結構です。ご主人の借り出しカードを今作りますから、それを使って借り出してください」

担当者は淡々とそう言ったという。日頃ものごとを深刻に考えるという習慣が全くないカミさんもさすがに、「ハガキ一枚でいいのかしら」と思ったそうだが、結局は図書館から借り出した本と私名義の借り出しカードを持って帰宅した。こうして私は、住民票も健康保険証も運転免許証もパスポートも見せることなく、いや自分で手続きをすることさえないままで、借り出しカードを入手した。

ハガキ一枚で住所を確認したことにして借り出しカードを作るというのが、全国の公立図書館で行われていることなのか、高松市立図書館だけのやり方なのか、それとももっと別の理由があるのか。私にはわからない。ただこうして発行してもらった借り出しカードは本当に重宝した。借り出しカードさえあれば、市立図書館の図書を自由に借り出せるだけでなく、県立図書館にしかないものも、市立図書館を通じて借りることができる。高松にいる間に、県立図書館からのものも含めて随分と多くの本をこの図書館から借りた。

高松を離れる時に本当は借り出しカードは返却すべきだったのだが、思い出がこもっていて返却し難く、まだ自宅に保管してある。カードを見るたびに、同図書館の好意を思い出す。実は、この話を書いていいものかどうか、少し躊躇した。しかし仮にまずい話であっても、もう「時効」であろう。

原稿を書く

高松に行ってしばらくしてから、ある知人と電話した際に、私の現状を尋ねられる。「上司も部下も仕事もない」状態と答えたら、「だったら本でも書けばいいじゃないの」と言われた。その時は「そうもいかないんです」と返事をして、そしてそれっきりこのことを忘れてしまった。

ところが後日、何かの拍子にリルケの「若き詩人への手紙」を思い出した。どうしても書いておきたいこと、書かずにはおられないこと、それを書けと言ったリルケの言葉である。高松へ左遷される契機の一つになった、民営化委員会事務局への出向期間（二〇〇二年六月一七日から一二月三一日まで）の出来事だけはどうしても書いておくべきではないか。そう思った。ただ、「どうしても書いておきたい」ということになると、当時はこの他にもいくつかあった。その一つが、仙台にいた頃、渡辺教授から薦められたドイツの社会学者テンニースの小ぶりな入門書『マルクス　その生涯と学説』の翻訳である。この翻訳には長い間手を焼いていた。事務局時代の出来事をまとめるのも、この翻訳も、どちらもあまり楽しい作業ではなかった。

楽しくない作業は好きになれず、「先送り」されがちになる。民営化委員会事務局での出来事を書くことは、高松では中途半端なままで終わった。最も楽しくないテンニースの著作の翻訳は高松では全く手を付けなかった。そして、書いていてそう苦しくはない作業ばかりに時間を割いてしまった。ほめられた話ではないが、それだから高松での暮らしは楽しいものになったのではないか、と思う。

その一　渡辺教授追悼論文集

最初の単身赴任先、仙台で私に経済学を教えてくれた渡辺教授は一九九七年に事故で亡くなられた。その翌年から教授の追悼論文集を作ろうという話が仙台にいる研究者（前述した半田さんや東北大農学部の工藤教授ら）を中心にして出ていた。ただ皆忙しいこともあり、なかなか作業は進まなかった。

渡辺教授は無神論者であり、葬儀にも宗教色は一切排除されていた。だから回忌とか法要とかいうものもまた教授とは無縁のはずであった。だが追悼論文集作成の作業に区切りをつけるために、二〇〇三年がいわゆる「七回忌」にあたることを理由に、何が何でもまとめるということが決められた。

私は東北大学の経済学部や大学院経済学研究科の渡辺ゼミのゼミ生ではない。仙台で勤務していた頃、学部の農業経済の講座の聴講生にして欲しいと教授に依頼したことをきっかけに、短い期間であったが教授の研究室で話をし、議論をしただけである。しかしそこで得たものは大きかった。教授にとって私はおそらく東北大学時代の「最後から二人目の教え子（penultimate disciple）」であったと思う。

それで私にも追悼論文集に寄稿しろという指示がきた。教授は亡くなる少し前から国際金融問題の研究を始められようとしてした。それまで農業問題を主たる研究テーマとされていた教授がなぜ突然このテーマで研究されようとしたのか、はっきりしない部分がある。幸い、教授の研究ノートが一冊残されていた。その話を夫人から聞いて、コピーをとらせてもらい、最晩年の教授の研究をたどり、原稿を書いた。この原稿は高松に来る前に半田さんに渡してあった。

高松ではもう一つ原稿を書くことになった。寄稿者による座談会が仙台で持たれたのだが、私はこれには出席できなかった。半田さんからは「それなら、簡単なレポートを書いて紙上参加せよ」という指示がきた。その原稿を書いた。そして、出版社から送られてくる校正用ゲラを読み返した。

原稿を書いたり、ゲラを読み返したりするたびに渡辺教授が偲ばれた。高松で教授を偲ぶことになるとは思わなかったが、考えてみれば教授と出会ったのも、ある意味で都落ちのような形で仙台に行った時のことである。教授を偲ぶには東京よりも左遷先の高松でのほうがふさわしい気がした。教授の葬儀の日は私の四〇歳代最後の誕生日であった。それから六年後の教授の祥月命日、私は高松で一人で静かに酒を飲んで仙台での教授との愉快な日々に思いを巡らせた。

追悼論文集（工藤・半田編『現代の資本主義を読む』批評社）は二〇〇四年二月に送られてきた。共著ではあるが、私にとっては二冊目の本を高松で受け取った。[注17] 論文集には教授が若かった頃からの知り合いの人達が教授の思い出を書いたものも多く含まれていた。私の知らない教授がそこにはいた。それを仙台から遠く離れた高松で知った。

注17　私にとっての最初の著作は、一九九六年の『国際通貨問題の課題』（批評社）であるが、これは

渡辺教授が取りまとめ役であった「現代経済分析研究会」で計画された全一四巻構成の「現代経済分析」シリーズの一冊であった。研究者でもない私がこのシリーズの一冊を書くことになったのは、もっぱら渡辺教授の恫喝と強要によるものである。当時、私は（財）高速道路調査会に出向しており、そんなに暇なわけではなかった。それもあって、ひどく時間がかかった（ただし、実際には、時間よりも能力の不足のために、一向に書き進めることができなかった）。教授から「いつになったらできるんだ。早く書け」という督促を何回受けたことであろうか。その時の厳しい声と、なんとか原稿が完成した時の教授の嬉しそうな声は、まだ耳の奥に残っている。

その二　戦間期イギリスの農業問題

多くの本とともに、最初から高松に持っていったもののなかに古い原稿が一つあった。「戦間期イギリスの農業問題」というタイトルである。書いたのは一九七七年の春。コンピュータが自由に使える時代ではなかったから、手書きの原稿である。しかもついに公表されることはなく、長い間、手稿のままであった。いつの日にかそれを再整理してきちんとしたものにしたいと思っていたが、そんな機会はなかった。高松に来る時に、書棚にこの手稿があるのに気がつき、高松ではどうせ暇だろうからと思い、持ってきた。

辞令をもらったのが六月二日（月曜日）、着任したのが五日。そして部屋もまだ完全には片付いていない六月一〇日（火曜日）からこの原稿の再整理を始めた。再整理をしたからといって発表するあてても予定もなかった。ただ三〇年近くも前に、当時の自分としてはかなり集中して取り組んだ手稿をもう一度見直し、納得のいくような形でまとめておきたいと思っただけである。

「戦間期イギリスの農業問題」というのは魅力のあるテーマではない。一九七〇年代には「戦間期経済論」の一環として世界農業問題が関心を惹いたこともある。それを巡って、渡辺教授は印象に残る論文を書かれた。それが仙台で教授を訪ねた理由の一つでもある。しかし、世界農業問題という視点からは「イギリスの農業」は視野には入ってこないと言っていい。文献は限られたものであった。それがこの論文を書いた動機でもあったし、文献渉猟の手間も少なかった。

手稿をまとめてから、「戦間期イギリスの農業問題」への関心はすっかり薄れてしまった。したがって文献の追跡を行うこともほとんどなかった。本当であれば一九八〇年代以降の文献にあたって、新しい知見を得る必要があるのだが、その意欲は出てこなかった。手書きで、誤字脱字、それに論理の乱れもある論文に対して、必要最低限の修正を加えることに留めることにした。むしろ、その方が一九七七年に私が何を考えていたかを知ることができる。そう考えた。

その程度のものであるから、この論文の再整理の作業はそう時間はかかるまいと思っていた。

しかし実際には、再整理が終わったのは二〇〇四年の五月下旬のことであった。二〇〇三年六月からほぼ一年を要したことになる。一九七七年に手稿を書いた時は、一ヶ月で書きあげている。当時はこの論文の作成作業に集中することができたが、高松では他の作業の合間にやることになったからであろうが、結果的にはこの論文の再整理は高松での暮らしの全期間を要したということになった。

再整理した原稿は今も「未発表原稿」のままで私の手許にある。これもまた高松での整理作業が随分と時間を要した原因の一つかもしれない。手書きの原稿には「提出期限」があったが、今回の整理にはそんなものはなかったからだ。しかしそうであっても、これが私の「処女原稿」であることに変わりはない。そしてこの原稿の再整理は高松勤務がなかったら、今でも手がついていなかったのではないかと思う。高松を引き上げて以降、整理の終わった原稿を読み返すことは全くないが、高松で丸一年かけて整理ができた原稿というだけで、懐かしい。

その三　スラッファ『商品による商品の生産』を巡る研究ノート

イタリア生まれの経済学者であるピエロ・スラッファの生涯でたった一冊の著作である『商品による商品の生産』は、原文で一〇〇頁足らずのものでありながら、世界の経済学に大きな影響を与えた。ただ、凝縮された文章であることもあって、おそろしく難解である。こんな本を研究者でもない私が読まなければならない理由は何もない。実際、初めて手に取った時は手に負えず、すぐに読むのを断念してしまった。

それから二〇年近く経った一九九〇年代の後半にふとしたきっかけから再読を開始した。今度は頭に相当汗をかきながら、メモを作りながら何度も何度も読み返した。そのメモをもとにノートを作った。「スラッファ・ノート……『商品による商品の生産』を逐語的に読む」というタイトルの冗長なノートになった。疑問として残ってしまったものも随分あったが、今の自分の力では、「謎」としておくべきだと考えた。二〇〇二年四月にノートは一応まとまった。あくまでもノートであるから、誰かに読んでもらう必要はないのだが、疑問点について意見がもらえたらいいと思って、前述した箱根の研究会の事実上の主管者であった降旗節雄教授（帝京大学）を含む数人の研究者にノートのコピーを送った。

その年の六月から私は民営化委員会事務局に出向になり、ノートを読み返す時間はなくなった。またそれ以上に、難解な『商品による商品の生産』とこれ以上格闘する意欲がなくなった。それで自分の頭の中では、『商品による商品の生産』の研究はひとまず「これで終わり」という気分になっていた。

仙台の半田さんが香川大学の岡田さんに知らせた私のスラッファ研究とはこのことである。そして先に触れたように、岡田さんは香川大学での研究会でその研究をベースにした報告をすることを私に提案された。岡田さんには研究会に参加させてもらったり、文献を手配してもらったりする恩義がある。岡田さんの要請（研究会での報告）は引き受けざるを得なかった。こうしてもう一度ノートを読み返すことになった。

その一方で、ノートのコピーを渡してあった降旗教授からは、「高松ではどうせ暇なんだろう。あのノートを本にしろ。出版社とは話をつけておいた」という連絡があった。出版社からはすぐに「原稿はノートのままでいい。大阪市大の塩沢（由典）教授に解題を書いてもらうことを考えている」と言ってきた。驚いた。ノートはあくまでノートであって、出版を前提としたものにはなっていない。仮に出版するとしたら、かなりの部分を書き換える必要がある。そう言ってとりあえず出版を見合わせてもらうことにした。

この二つの事件のせいで、当初予定にはなかった『商品による商品の生産』に関する研究を再開することになった。香川大学の研究会での報告はともかく、ノートの書き換えのほうは簡単にはいかなかった。高松では時間がたっぷりあったことは事実だが、ノートの書き換えは時間さえあればなんとかなるという代物ではなかったからだ。

香川大学の研究会では、岡田さんから数理経済学の研究者を紹介してもらい、スラッファ研究には不可欠でありながら、それまで勉強したことのなかった様々な文献の提供も受けた。それらも参考にしながら、ノートは全面的に書き換えることにした。

結局ノートの書き換えは高松では終えることができず、東京に転勤になった後もこの作業を続け、最終的には二〇〇七年の秋に『スラッファの謎を楽しむ』という題名で出版してもらった。『スラッファの謎を楽しむ』は、その社会的評価はともかく、私にとってはそれを作るためにひどく難渋した思いが詰まった本である。その「あとがき」にも書いたことだが、これをまとめることができた一因は、時間だけはたっぷりとあった高松での暮らしにある。それがなかったら、この本を作ることは多分なかったであろう。今でもそう思う。

その四　完成しなかった古いメモの整理

暇を利用して最初にやろうと思ったのは論文の作成や再整理ではない。民営化委員会事務局に出向中に作ったメモを整理することが、最初にやるべきことだと考えていた。「日記」のようなものは若い頃から比較的こまめに書いていて、二〇〇〇年の春頃からは磁気記録として整理をしてきた。しかし、民営化委員会出向中はそれをする時間的余裕がなくなってしまい、やむなくどこへでも持っていける小さなノートにメモを取って、後日時間ができたらそれを整理しようと考えていた。出向したのが夏至の直前で、出向が終わったのが冬至の直後だったので、全部で一〇冊を超えたメモ帳には「夏至から冬至まで」というタイトルをつけた。

出向が終わった二〇〇三年の初めからこの作業は可能になるはずだった。しかし、出向が終わっても周辺はまた騒がしく、メモを整理する時間がとれなかった。それどころか、しばらくはさらにメモ帳を書き続ける始末であった。ただ、いずれ東京から地方に転勤することになろうし、そうすれば周辺も静かになり、メモ帳の整理はできる。そう考えて、東京にいる間はメモ帳を整理することは断念した。

メモ帳の整理に関しては、高松勤務は待望のことであったことになる。だから着任後すぐに、六月八日（日）からその作業を開始した。しかし、作業は遅々として進まなかった。理由は単純である。楽しくないのである。これが、高松で手掛けた書き物のなかで唯一楽しくなかった作業であった。楽しくない理由はいくつもあるが、一番はこの作業が「義務」に感じられたことだ。

「小泉劇場」は噴飯ものの劇場であったが、主役は反省などまるでする様子はない。「見得きり政治」と言う批判を褒め言葉と受け取っているような感さえある。私はセリフもほとんどない端役として舞台の片隅に立っただけであるが、たとえ三文役者であっても、その始末記は書いておくべきであろう。そう思った。ただし、あくまで「始末記」であって、「正確無比に追跡した唯一の記録」……でもなければ、「正史」……でもない。……端役でもともかく、登場者であることには違いなかった。そうである以上、「正確無比な唯一の記録」と自賛するようなものを書く資格も、「正史」であると豪語できるようなものを語る権限もない。あるとすれば、後世の歴史家がこの事件を抉り出そうとする際に参考となるべき資料（史料）を残す義務だけである。その義務は忠実に果たそうと思う。

［「正確無比に追跡した唯一の記録」は猪瀬直樹氏の『道路の権力』（文藝春秋、二〇〇三年）での、「正史」は諏訪雄三氏の『道路公団民営化を嗤う――これは改革ではなく成敗である』（新評論、二〇〇四年）での、自著を規定する言葉である］

当時のメモにはこう書いてあった。こんな義務的な仕事が楽しくなるはずがない。「仕事も部下もない状態」でのうのうと過ごしているのだから、一つくらいは義務的な作業もしなければならないと思って、整理を続けたが、ついに高松では作業を終えることはできなかった。

それでも、せっかく「夏至から冬至まで」を整理するのだから、道路公団民営化にかかる事柄はその前後も含めてまとめておこうと考えた。「前」のほうの開始時点の確認は簡単であった。民営化に向けた作業を開始した日を「日記」で確かめればいい。「後」のほうは、ちょっとした理由から二〇〇四年一月のある日をもって切ることにした。

高松に来てからのことはすべて磁気記録として残していたから、二〇〇三年六月以降のことは整理上の問題はほとんどなかった。二〇〇二年六月以前のものもやはり磁気記録として残っているから整理は簡単だった。問題は二〇〇二年六月から二〇〇三年五月までの一年間のメモである。高松にいる間には片付くだろうと思っていたが、見込みが甘かった。怠けたわけはないのだが、やたらと時間がかかった。二〇〇三年八月の日記には次のようなことが書いてある。

七時から『夏至から冬至まで』の入力。ようやく九月一二日までの入力を終える。六月に高松に来る時、民営化委員会事務局勤務時代の「ノート」のうち三冊だけを持ってきたが、そのなかの一冊（九／二〜九／一二）がやっと整理できた。僅か一一日分のメモの入力に二ヶ月半もかかったということになる。先が思いやられる。

メモの量がむやみに多かったことが大きな原因であったが、それにさらに予期せぬ事件が作業を妨げた。先に触れたように、二〇〇三年の七月末に藤井さんから名誉棄損を理由に訴えられてしまった。当初は民事事件だったが、藤井さんは激怒して「民事と合わせて刑事事件としても立件しろ」と息まいたらしい。そういう話がリス企画のメンバーから伝わってきた。民事事件になっただけで首を捻ったが、刑事事件にするとは正気の沙汰ではない。そんなことができるはずがなかろうと思ったが、注意だけはしておく必要が出てきた。

万が一の「ガサ入れ」に備えて、手許にあるノートやメモ帳、それに磁気記録などは「退避」

させることにした。[注18]「ガサ入れ」された場合、洗いざらい資料を押収され、長期間戻ってこない危険性がある。見られて困る資料はないが、手許にないと困る資料はかなりある。一度は全部コピーをとっておこうかと思ったが、量が多すぎるし、そのコピーも押収されかねない。それで、「退避」させることにした。この状態が、藤井さんが解任された一一月まで続いた。その間、高松ではメモ帳を容易に見ることもできないので、作業はストップした。

この長い中断以上に作業が長引いたもう一つの原因はメモの内容にある。メモの内容が決して楽しいものではなく、むしろ整理していると気分が腐ってしまうことが多く、作業が苦痛になった。だからいくら暇があってもこの作業を長時間続けるということはできなかった。これが作業が進まなかった二番目の理由である。これは予想外のことであった。

メモを整理していて、「できればこのことは伏せておきたい」と思うことがたくさんあった(メモの整理を二〇〇四年一月で打ち切ることにした理由もまたそうである)。また自分が書いたメモが自分の一方的な思い込みに過ぎないのではないかという可能性も否定しきれなかった。整理し終わったものも所詮はその程度のものに過ぎない。内田樹氏は、「チャールズ・ダーウィンは自分の理論に合致しない事実は必ずノートに記録しておくルールを自らに課していたが、それは自説に合致しない事実はかの天才の記憶力をしても長くとどめることができないことを彼が知っていたからである」とされる(『私家版・ユダヤ文化論』文春新書、二〇〇六年、一一〇頁)。

しかし、実際にメモやノートをつくった経験からすると、「すべてを書く」ことにしているメモからも、自分にとって不都合なことは脱落するか過度に省略される傾向がある。それは当事者が作るものとしての限界であろう。

この限界を自覚しつつ、資料（史料）を残すという義務に対して、高松でなんとか始末をつけようと思ったのだが、これができなかった。高松で「やり残した」とか「やれなかった」という悔いが残るものはあまりないのだが、この「夏至から冬至まで」の整理ができなかったことは、その例外の一つである。

結果として、「夏至から冬至まで」の整理は二〇〇六年までかかってしまった。一九九八年一一月から二〇〇二年六月までの記録（「夏至まで」と名付けた）と二〇〇三年一月から二〇〇四年一月一六日までの記録（これを「冬至から」とした）と合わせて、四〇〇字詰め原稿用紙換算で四〇〇〇枚を超える量になったが、それにしても時間がかかりすぎた。

ただこれで「小泉劇場」の片隅で、あまりセリフもない端役としてその三文芝居にかかわったものとして「後世の歴史家のための資料を残す」という義務は果したように思う。この資料は当分公開されることもないだろうし、このままずっと利用されることがない可能性もある。しかしそれはもう私の問題ではないと思うことにしている。[注19]

注18　この「退避」先は、言わないことにしたい。

昔、ある会合を内密に開いた際に、その会合を呼び掛けた人物から、「お前、この会合のことは秘密にしろ。そしてその秘密は墓場まで持って行け」と言われたことがある。人間に「墓場まで持って行く」ような秘密などあるものだろうかと、その時は首を捻ったが、この資料の退避のことを考えると、そういうものもあるのだなと実感する。秘密を明かすことが、ただ善意だけで自分を助けてくれた人たちに迷惑を及ぼす危険があるのであれば、その秘密はたしかに「墓場まで持って行く」必要がある。

しかし、あの会合が「墓場まで持って行く」ような秘密であるとは、今も思えない。

注19　古いメモの整理はこんな具合にひどく手間取った。「メモの整理はすぐにやるべきだ」と何度となく思ったのであるが、思うばかりで、実践はサッパリであった。メモはその場で整理しなければならないと実践的に教えてくださったのは、交通評論家の角本良平さんである。

二〇〇三年九月二四日に角本さんから分厚い原稿が宅配便で高松に届けられた。私はその日の日記に次のように書いた。

角本氏は二二日（月曜日）に電話で私の（高松で投函した）手紙を受け取ったことを告げられると同時に、「原稿がまとまったので明日にでも送る」と言われていた。送られてきた原稿の後半は、小泉首相と藤井総裁とそして私を狂言回しにして書かれている。

月曜日の電話の際、「新聞を読みながら毎日この原稿を書いているのだが、完成まで生きていられるかどうかわからない。誰かに保管してもらいたいという気分もある。この意味もあって迷惑かもしれないが、片桐さんに送りたい」と語っておられた。角本さんは絶筆になるのを覚悟してこの原稿を書かれているのかも知れない。そう思うと、襟を正したくなる。「今日を限りで一生を終わると思って一日を過ごす」ということは、「言うは易く、行うは難し」の典型みたいなものだが、角本さんの生き方（原稿の書き方）はそれに近い。私もそういう生き方（原稿の書き方）を学びたい。

角本さんは、こうしたやり方で道路公団の民営化を巡って三年間で三冊の著書を上梓された（『道路公団民営化――二〇〇六年実現のために』二〇〇三年、『自滅への道――道路公団民営化（2）』二〇〇四年、『三つの民営化――道路公団改革、郵政改革とJR』二〇〇五年、発行はいずれも流通経済大学出版会）。

道路公団改革の一連の作業の課程で多くの忘れ難い人たちと巡り会った。個人的には、改革の成否よりもそういう巡り会いのほうが遥かに大きな収穫であったとさえ言える。角本さんもまた、「一日一生」という生き方を身を持って教えて下さったという意味で、「その生き方から多くを学んだ人」の一人である。日記にそう書きながら、結局は角本さんの生き方から学んだはずのことを実践することは遂になかったということである。

角本さんが素晴らしいスピードで道路公団改革を巡る研究書を上梓される間、私は「まだ藤井さんとの裁判が終わっていない」ことを口実に、何もせずに過ごした。角本さんの自宅が近くにあることから、高松に戻ってきてからも何回かお訪ねしたが、その都度、道路公団民営化の経緯を「早く書いたほうがいい」と督促を受けては、頭をかいてすごすごと退散した。角本さんには、本書を持って、とりあえずのお詫びとしたい。

五　遠来の知人・友人と酒を楽しむ

高松は瀬戸内海で本州とは別れている。しかし今は橋でつながり、道路でも鉄道でも陸上輸送手段で行き来ができるようになった。もちろん飛行場も市内にある。その気になれば、大阪からでも東京からでも、気軽に来ることができる。だから遠来の人たちは少なくなかった。

一方、簡単に来られるとはいえ、さすがに日帰りでというわけにはいかないから、高松まで来た人たちはどうしても市街地のホテルで泊まることになる。ホテルはだいたいが繁華街の近くである。こうなると、繁華街に宿舎があるのは実に好都合であり、閉店間際まで延々と飲んで雑談するということが可能になる。話がややこしければ、自分の宿舎に来てもらって酒と肴を用意するということも可能である。実際そういうことが何度かあった。私の場合は、東京だと帰りの電車を気にしなければならなかったから、その点では高松は好都合であった。

ジャーナリスト

遠来の人たちの多くは新聞記者をはじめとするジャーナリストである。転勤になった後も、私はかなり頻繁に東京に行っていたから、東京で会えばいいし、急ぎであれば、電話でかまわないような気がするが、どういうわけか何人かは、「高松で会いたい」と言ってきた。高松の方が飲み代の単価が安く、飲める時間は長くなるが、そのこと以外に違いがあるのか、疑問であった。ともかく酒の相手がいることは嬉しいことであり、またジャーナリストに話すのを憚ることは何もなかったから、高松で会いたいという申し出には、ほとんど応じた。ただ、例外的に断った話が二つある。一つは、上述の「夏至から冬至まで」と題したメモの内容である。これはまだ公開すべき時期ではないと考えた。もう一つは『文藝春秋』の藤井さんを批判する記事を掲載してもらった理由だ。これは道路公団改革が終わっていない状態では誤解を招きかねないと思った。

私の高松暮らしの様子を見れば、とりわけ私の宿舎で一緒に飲んでいった場合は、私が仕事や時間に拘束されないという意味でいかに楽しく暮らしているかが彼等にもわかったはずなのだが、そういう記事はついに出なかった。私を「左遷にじっと耐えている犠牲者」にしておいたほうが都合がよかったのであろうか。取材した内容をどう組み立てるかは（取材結果を報じるかどうかを含めて）報道の自由にかかることだから、文句を言うつもりはなかったが、マスコミの報道から浮かんでくる私の人物像が、他人のことのように思えて仕方がなかった。

友人

ジャーナリストの他に、数は少ないが何人かの友人が激励のためにはるばるとやって来てくれた。この中にはリス企画のメンバーは一人もいない。「高松には来るな」と言ってあったからである。またそれ以外の道路公団関係者にも、「要らぬ穿鑿をされてもつまらないから、私のところには来ないほうがいい」と言ってあった。

それでも「どうしても行きたい」と言ってきた友人達がいた。彼らとは、ジャーナリストとは違い、仕事の話はほとんどしなかった。狭い高松の繁華街の飲み屋を歩き回り、「体に気をつけろよ」と言っては別れた。

二〇〇三年の秋の半ばに、藤井さんの去就が話題になっていた頃にふらっとやって来た友人がいた。彼も遠慮して、私が高松で何をしているのか、何をしたいのか、そういうことは聞こうとしなかった。ただ時期が時期だけに、どうしても藤井さんのことが話題になる。既に私は藤井さんに訴えられていた。リス企画のメンバーからは、「藤井さんは堪忍袋の緒が切れたと言っているようだ」という話が伝えられた。藤井さんとは一九八五年の秋以来の付き合いである。藤井さんはそれもあって、当初は周囲の片桐批判から私をかばってきた感じもあった。フランスへ行けと言ったり、高松に配転したのも、本当に「一時的避難」のつもりだったのかもしれない。「俺がこれだけ穏便に済ませようとしているのにあいつは恩を仇で返した」。藤井さんはそう考えたのかもしれない。こうして堪忍袋の緒が切れ、私を訴えたというのである。

一方、高松までやって来たこの知人は、藤井さんがどうして私を訴えたのかを次のように説明した。

「藤井さんは自信家だよ。周りの人間は誰でも自分の意のままにできると思っている。実際、藤井さんと仕事をした人間はほとんどが藤井さんに服従してしまう。ドラキュラに噛まれた人間は皆ドラキュラの仲間になるのと似ている」

私は問い返した。

「俺だって、藤井さんと一緒に仕事をしたことがある。しかし藤井さんとはついに考えは同じにならなかった」

「藤井さんは、そこを間違った。片桐さんはドラキュラに噛まれても、なんともならない免疫体質だった。藤井さんはそのことを知らなかった。だから、何で俺にはむかうのか理解できずに、怒り狂ったのだと思う」

たしかに、藤井さんの周囲にいる人間は、いつの間にか藤井さんに服従してしまう。藤井さんの強烈なキャラクターのせいだとばかり思っていたが、そうとばかりも言えないようだ。藤井さんの怒りかたは激しい。多くの人間は一回でも怒られると竦み上がってしまう。しかし、それは藤井さん特有の人心掌握術の一環に過ぎない。同じ事件で三回も怒られれば、藤井さんは呆れて何も言わなくなる。ただ大方の人間は一回目で叩かれてしまうと、怖くなって次からは何も言えなくなるだけだ。——そう言って、この知人と議論したはずなのだが、二人ともすっかり酔ったせいか、そのあとのことはあまり覚えていない。翌日は二人で観光地を巡ったのだが、「藤井さん＝ドラキュラ」説に妙に感心してしまい、この説を旅の間中楽しんだ。注20

注20　「藤井さん＝ドラキュラ」説は一見もっともらしい。けれども藤井さんが私のことを誤解していたために怒りがひどくなったというのは、どうも納得がいかない。私は有料道路課にいた頃から何度となく藤井さんと「衝突」している。「お前はどうして俺のことに反対するんだ」と面と向かって言われたこともある。

一九九七年の夏、私が道路公団の経営企画課から総合研修所に配転になる時、当時建設省顧問をしていた藤井さんに挨拶に行ったことがある。その時、秘書から「先客が転勤の挨拶に来ているから少し待ってくれ」と言われた。そば耳を立てるわけではないが、藤井さんは声が大きいからどうしても話し声が聞こえる。先客はなんと私の後任者であった。藤井さんは、秘書のところに私がいるとは考えもしなかったのだと思う。この後任者に向かって、「君は片桐君とは違うから、大丈夫だろう」と激励した。藤井さんは当時も私の仕事に随分と不満を持っていたということである。

藤井さんはそのあと、道路公団の副総裁になった。一九九八年の四月、私がいた総合研修所では新規採用職員研修が行われた。藤井さんはその研修の最終日に講師としてやってきて、研修の「打ち上げ」を兼ねた昼食会にも参加した。私はこの昼食会で、研修生に次のような挨拶をした。

「諸君がこれから行く新しい職場には様々な先輩がいる。中にはぶん殴ってやろうかと思いたくなるような人間もいるはずだ。しかし、そういう人間こそが諸君らを鍛えてくれる理想の先輩、最高の上司だ」*

演壇から降りてきたら、藤井さんが待っていて、声をかけてきた。

「おい、『ぶん殴ってやろうかと思いたくなる人間』とは俺のことか」

「わかりましたか」

「わかるに決まっている」

私にとって藤井さんは本当に「ぶん殴ってやろうかと思いたくなる人間」だった。しかし同時に、藤井さんなら面前でこういう話をしても大丈夫だとも思っていた。当時の藤井さんはそういう人だった。

＊この話はハンス・カロッサ『ルーマニア日記』の次の文章がもとになっている。

「われわれを頻繁に怒らせ、くたくたにしてしまうような男こそ結局、われわれを愛想よく放任しておいてくれる男より、より強くわれわれを成長させるのではあるまいか」

（岩波文庫、一九五三年、高橋健二訳、三二一頁）

藤井さんは、私が藤井さんをどう思っているかを知っていたし、私のやり方が自分の意に添わないものであることも知っていたと思う。それでも「片桐の野郎はしょうがない野郎だ」と半ば諦め、我慢をしてきたのだと思う。そして周囲の批判から私をかばってきたのだと思う。その藤井さんがいきなり損害賠償の裁判を起こした。その理由はいまだにわからない。やはり「堪忍袋の緒が切れた」のであろうか。

二〇〇三年の五月八日以来、藤井さんと話をする機会がない。その日、藤井さんと別れる際に、私はこう言った。

「いろいろとありますが、全部終わったらまたどこかガード下の居酒屋で飲みましょう」

藤井さんは

「うん、そうしよう」

と答えた。

この約束はまだ反故にはなっていない、と私は思っている。この約束が実現するまで、藤井さんには元気でいて欲しい。

六　高松を去る

最初にも書いたように、私が首になるか、藤井さんが総裁を辞めるか、いずれにしても秋の終わり頃までには結論がでる、そうすれば私の高松暮らしは終わりになるだろうと思っていた。しかし予想が外れて、高松で冬を越すことになった。高松で冬を越す準備をしてなかったので、慌てて冬用の衣類や寝具を取り寄せるということになったが、これは、私が首になるか、藤井さんが総裁を辞めるか、の予想が外れたからではない。藤井さんは二〇〇三年の一一月に解任されてしまった。当初予想していた辞任ではなく、解任であったが、総裁を辞めたことに違いはない。だから、その点では予想通りだったことになる。それでも高松で年を越した。これは予想外であった。

近藤剛・新総裁

藤井さんの後任は参議院議員であった近藤剛氏だった。長く伊藤忠におられた方である。関係者が骨を折ってくれて、就任直後に近藤氏に会ったが、すぐに近藤氏とは考えが違うことがわかった。近藤氏が総裁に就任したのは二〇〇三年一一月二〇日であるが、一二月一日には、リス企画のメンバーに「近藤新総裁とは断絶状態に入った」とするメールを出すことになった。たった一〇日で新しい権力者と袂を分かつのは、全くもって大人気ない話だが、その後の近藤総裁のやり方を見ても、この時の私の判断は、私にしては珍しく、そう間違ってはいなかったと思う。実は、近藤氏が総裁になることがわかった時、友人を介して伊藤忠の人間から警告をもらっていた。一〇日間でその警告を確認したことになる。

藤井さんに代わる新総裁と敵対関係に陥るということは高松に来る時は考えもしなかったが、このこともあって、私の高松暮らしは年を越すことになった。と同時に、高松暮らしは考えていた以上に長引くことになるかもしれないと思い始めた。ただ、このことで深刻な気分になったわけではない。「まあそれでもいいか」、と思った。この年の六月以来の暮らしはのんびりとしたものだったし、その暮らしにも慣れた。勤務の一環としてやるべき仕事がないという状態は、近藤氏が総裁になってからも何も変わらなかった。賞罰委員会の方も大きな変化はなかった。そういうわけで、総裁が変わったことによる変化は個人的には何も感じなかった。

東京では二〇〇三年の一二月に決まった道路公団の改革についての政府原案を巡って様々な動きがあったが、こっちは高松にいるものだから、側面からの応援をするだけである。応援の依頼は結構あった。なにせ暇で時間はいくらでもある。大抵の依頼は引き受けた。御蔭で、年を越した後も退屈することはほとんどなかった。やるべき仕事がないと人間は自分の社会的存在意義を見いだせなくなる恐れがあるが、その点では心配はなかった。それどころか、依頼された作業を断らないものだから、自分の読み書きもなかなか終わらない有様になった。もっともこれは、自分に対する言い訳でもある。

ところが、二〇〇四年の三月頃から、「近藤総裁は片桐を東京に戻す決意を固めた」という噂が聞こえ始めた。三月末には私の異動を巡って次のような話が伝わってきた。

「二六日に総裁が人事部長を呼んで、片桐の今後の処遇のことを聞いた。二九日に人事担当理事が総裁に会って話をする。理事は、片桐の今後の処遇は、彼の左遷状態を形式的に解消することにするか、それとも民営化に向けた仕事に彼を使うのかによって違ってくる。まずその判断が必要だと迫るようだ」

これまでの近藤総裁の言動からすると、私を「民営化に向けた仕事に使う」ことは考えられない。また、近藤総裁のもとでそのような仕事ができるとも思えない。「形式的左遷解消」、それが彼の考える穏便な策ということになるのであろう。そう思った。

近藤総裁のもとでは民営化に向けた真っ当な仕事はできないと考えたのには理由がある。権力に対する彼の弱さ、あるいはその迎合的姿勢では、道路族をはじめとする抵抗勢力には到底立ち向かえないと判断したからだ。

先に、道路公団民営化を巡る古いメモをまとめたことに触れた際に、このメモの最後の日を二〇〇四年一月一六日としたのも、近藤総裁のもとで民営化に向けた活動をどう進めるかという問題を巡っての「事件」が原因であった。その詳細を書くことは控えたいが、この日以降ずっと、民営化が骨抜きになっていくのを高松で他人事のように眺めていた。

自分が多少は関与した作業がダメになっていくのを遠くから眺めることしかできないのに、腹が立たないのかと聞かれたことがあるが、不思議なほど腹が立たなかった。むしろ、そういう時期に東京から遠く離れた場所で暮らしていることを幸運だとさえ思った。だから、東京に呼び戻すという噂を聞いても、期待するような気分にはなれなかった。

転勤辞令

賞罰委員会の方は私に対する処分を確定しようとしたが、近藤総裁が決断をせず、ズルズルと処分がのびていたようだ。その反面、東京への転勤の話は四月に入ってから煮詰まっていった。当時（四月一一日）の日記には次のように書いてある。

午後七時過ぎ、固定電話に本社から電話がかかる。珍しいことである。明日（四月一二日）にも、四月一六日付けで私を本社の広報担当調査役として異動させるという内示があるかもしれないという連絡であった。但し、本当は金曜日（四月九日）に決めるはずだったのが、「近藤」総裁が「いろいろと相談してみる」と留保したために、月曜日に延期になったという。どうも下駄をはくまではわからないともいう。内示はあるかもしれないし、ないかもしれないといった程度の話である。こんな不確かな話をなぜ本社はわざわざ連絡してきたのであろうか。理由がわからない。

しかし、近藤総裁がここまで優柔不断な人間とは思わなかった。電話での話によれば、近藤総裁の相談する相手は「官邸」の人間の可能性があるという。国交省からも私の異動について照会が来たという。自分はそれほどの重要人物かと笑ってしまう。「幽霊の正体みたり枯れ尾花」という川柳がある。まさにそれだ。自分たちで勝手に私の虚像を作り上げ、それに怯えているのだ。私に一体何ができると思っているのか。

おそらく皆、自分の尺度で考えているのだ。私のことを、「出世を棒に振って、左遷に耐えて、歯を食いしばって我慢している」とでも思っているのだろうか。そうだとしたら、全く笑止千万な話である。

もっとも、四月一二日の異動内示はなかった。一六日になって聞いた話では、近藤総裁は人事部の意向（四月一六日に本社調査役に配転）を受けて、関係各方面に相談したが、道路公団民営化法案の審議のなかで片桐を動かすべきではないとする意見が多く、異動を断念したという噂が流れていたらしい。同じ日に、東京である記者と会って話をした。この記者は一〇日前（四月六日）電話をかけてきて、「賞罰委員会の結論が出て、処遇が決まるという噂がある。高松に行ってもいいから、是非会いたい」と言ってきた。しかし、今日の彼は淡々としていた。彼の話では、私の本社復帰はなさそうだとのこと。理由は、私がかつて東京にいた頃のような動きを繰り返されては困るからだという。私は、「希代の策謀家」ということになっているそうだ。彼のニュースソースはほとんどが国交省だ。この話も国交省から聞き込んだのであろう。私が「希代の策謀家」だとは、国交省の言いそうなことである。

後（四月一九日）になって聞いた話では、人事部は三月下旬か四月初め頃、四月一六日の異動発令に備えて記者発表用の資料の作成をしていたという。この時点では間違いなく異動を発令するつもりだったのであろう。それが国交省の横やりで消えたというのが事実のようだ。それにしても、四月一六日付けの異動の内示を四月一二日にやろうというのは、藤井さん以上の乱暴な処理である。それにまず驚いた。そしてその処理方針が国交省の横やりで潰れるというのは、いかにも近藤総裁らしいと妙な納得をした。

結果的にこの二ヶ月後（六月一六日）に本社への異動命令が発令された。[注21] 四月一六日の異動が潰れて、六月一六日付けの発令になった理由は、憶測するしかないが、近藤総裁は私ごときの異動で二ヶ月間も躊躇していたのであろうか。もっともその御蔭で、丁度一年間（正確には、一年と半月）高松の四季の移り変わりを楽しむことができ、近藤総裁の立ち居振る舞いに直接接することを免除してもらったわけだから、不平を言う筋合いではない。

首にならなかったから、高松から留守宅への引っ越し費用は道路公団が負担してくれることになったが、当初の予定通り、ほとんどのものを高松に残すことにした。留守宅には、本とノート、若干の衣類、それに思い出だけを持って引き上げた。こうして、私の高松での暮らしは終わった。

注21　この時の内示も全く奇妙であった。異動日は二〇〇四年六月一六日であった。この場合普通であれば、六月一日の午後一時までに内示があるはずである。そういう噂は東京から聞こえてきていた。五月二八日、在京のある新聞記者と電話で次のような話をした。

記者：月曜日（五月三一日）は東京に来るんだろう。
私：高松に居るよ。
記者：裁判には出ないのか。
私：出ない。まだ証拠申請の段階で、自分が出席するような状況ではない。
記者：変だな。つい先日、近藤総裁と会った時、「あんたは片桐を東京に呼び返すと言っておきながら、一向に返さないじゃないか」と詰問したら、近藤は「私も返したいと思うが、片桐は藤井前総裁との裁判が続いていて、そのために賞罰委員会も彼から事情を聞けない状態だ。事情も聞かずに処分はできない。事情を聞けるような状態になったら、賞罰委員会はすぐに結論を出すだろうし、そうしたら、東京に呼び返すことも可能だ。その点で、月曜日の裁判で片桐がどういう発言をするかが大きな鍵になる」と言っていたんだが。
私：裁判云々は、私を東京に帰さないための口実だ。裁判は始まったばかりでまだ私が何かを発言するような状態ではない。また、賞罰委員会は私から何も聞けないと言っているそうだが、実際には三月一八日に呼ばれて、質問のうち、七割程度は答えている。近藤総裁の説明は体面を繕うためのものとしか思えない。現に、賞罰委員会の方針は既に決まっているという話だ。ただ、私の東京復帰を止めているのは近藤総裁ではなく、国交省だという噂がある。
記者：国交省の誰だ。
私：そこまでは知らない。
記者：全然話が違うな。近藤総裁は「これはオフレコだよ」といいながら、五月三一日の裁判が済んだら、六月中旬にも片桐を本社の中枢に返すことにしていると言っていたんだけどな。
私：五月三一日の裁判が口実だという証拠だ。本当は民営化法案が議決されるのが六月初めだから、それまではなんとしても東京に帰さないことにして、その理由に、裁判を利用しただけのことだ。五月三一日の裁判ではなんの進展もないはずだ。もっとも、そうしたら、それを口実にまた引き伸ばす気かもしれないが。

五月三一日の裁判には私は出席しなかったし、その日を含めて賞罰委員会からは何も言ってこなかった。そして、六月一日には異動の内示はなかった。だから、六月一六日付けの異動はなくなったと思った。ところが六月二日の午後五時過ぎになって、出張中の四国支社長から六月一六日付けで本社総務部付き調査役に異動させるという内示を受けた。内示が一日遅れて、しかも午後五時過ぎになったのは、近藤総裁がこの時刻まで内示を止めておいたからであろう。そして近藤総裁がそうしたのは、民営化法案が審議中は異動の内示は出すなという国交省の指示があったからと考えるしかない。あとで聞いたら、民営化法案は六月二日の午後二時から三時頃に可決成立したという。近藤総裁はそれを待って、道路局長に確認をした上で、内示の解禁に踏み切ったのであろうか。

私の異動内示と民営化法案の成立と一体どういう関係があるか、理解に苦しむが、国交省は見せしめのために民営化法案の成立まで私の異動内示を止めたのであろうか。そしてまた、近藤総裁も、ささやかな抵抗を示すために、七月一日の異動とすればいいところを、慣例を無視して六月一六日付けの異動を強行したのであろうか。こうして、奇妙な内示で始まった高松暮らしは、これまた奇妙な内示で幕を閉じることになった。権力者は時として不思議なことを考えるものである。

七　遠方からの応援のこと

高松での暮らしについての報告はこれで終わりである。ただ、美しい誤解から私の高松暮らしを心配していただいた「遠方の人たち」へのお礼を言わないわけにはゆかない。ひどく遅れてしまい、「今頃になってからなんだ」というお叱りの声が聞こえてきそうだ。それに「本当に心配してたのに、お前はただ楽しんだだけじゃないか」という批判の声さえあがりそうだ。それは甘んじて頂戴することにしたい。

東京に残って困難な作業を続けたリス企画の仲間たちとは、主にEメールで恒常的に連絡を取り合った。共通の掲示板を設定し、東京から様々な動きを知らせてもらった。私はそれにたいして「遠くからの便り」と題した短文を書いた。御蔭で「孤立感」を味わうことなく暮らすことができた。

民営化のために協力していただいた多くの関係者の方からも、助言や支援を受けた。「たまには出て来い」と誘いを受け、高松から出かけて行ったこともある。しかし、それをここで詳しく語るのは控えたいと思う。それは道路公団改革の歴史の中で語るべきことであって、高松の暮らしをどう楽しんだかの報告として話すことではないと思うからだ。

ここでは、道路公団改革と直接の関係を持たない方々、それも、もはやお詫びを言うことさえできない人たちや、その後全く会えない人たちの中の数人に対するお礼だけを言っておきたい。

遠い昔の上司

高松に赴任して数日後にファックスが仕事場に届けられた。次のような（楠）正成作とされる石摺文のコピーであった。

雖貧勿求浮雲之富　　貧すると雖も浮雲の富を求むる勿れ
雖窮勿屈丈夫之志　　窮すると雖も丈夫の志を屈する勿れ
貧窮士之常也　　貧と窮とは士の常なり
矯々若龍耽々如虎　　矯々として龍の若く耽々として虎の如し
抱徳隠名以潜其身　　徳を抱いて名を隠し以って其の身を潜め
當待一陽来復之時　　當《まさ》に一陽来復の時を待つべし

若不遇時即独善其身而楽天命　　若し時に遇はざれば即ち独り其の身を善くして天命を楽しむ

正成書之

送ってきたのは、当時国交省から道路公団に出向中だった君塚章さんだった。すぐにお礼の電話をする。「転勤の挨拶がないじゃないか」と笑いながらたしなめられる。転勤の内示が出てから初めて、日頃接点のない道路公団の関係者から連絡をもらったが、それが君塚さんだったとは意外であった。君塚さんは一九七五年から翌年にかけての私の上司であった。私はその頃、研修という名目で旧建設省公共用地課で勤務し、当時、同課の課長補佐であった君塚さんの仕事を手伝った。君塚さんは国交省のいわゆるキャリア官僚であった。僅か一年という短い期間であったが、君塚さんにはいろいろなことを教えてもらった。それからもう三〇年近くが経っていた。その間、仕事で接点を持ったことはほとんどない。しかし、どういうわけか、君塚さんは何かと私のことを気にして下さった。私が民営化委員会の事務局に出向した際も、「道路局では片桐を潰す方策を考えている」という噂さえ流れる中で、君塚さんは「君塚流改革案」なるものを示され、「これをうまく使え」といって私を激励された。

その君塚さんに私は転勤の挨拶をしていなかった。藤井さんに左遷されたような形での転勤だったから、君塚さんには挨拶は控えた方がいいだろうと勝手に思い込んでいた。そういう失礼をしていたのに、君塚さんは上記のような文章を送ってこられた。私がクサッテいるのではないかと君塚さんは心配されたようだ。これは誤解である。しかし、正直な気持ちを伝えても、君塚さんには私の強がりのように受け取られていたような気がする。

これより前にも君塚さんには謝らなければならないことを私はしている。昔、朝日新聞社から発刊されていた雑誌『論座』（二〇〇二年三月号）に「高速道路の建設続行は幻想だ」というタイトルで道路公団改革の必要を訴えた記事を載せてもらったことがある。執筆者としては道路公団OBである織方弘道さんを代表の形で使わせてもらい、それに「日本道路公団職員有志」が協力したということにした。内容の多くは、本当は私や仲間の考えをまとめたものである。雑誌が発売された直後に、「君塚さんの使い」という建設省OBが私のところに来た。君塚さんから『論座』の論文について片桐の意見を聞いて来いと言われたという。

自分たちの考えをまとめた論文について、それを他人の論文として講評するというのは妙な話である。しかしこの時点では君塚さんには「実はあれは私たちの意見をまとめたものです」と言うわけにもいかない。「日本道路公団職員有志」については何も知らないと言う前提で、淡々と話す。いつかこのことは君塚さんに詫びなければならないと思っていたが、その機会がなかった。ただ、君塚さんは私がこの雑誌の記事の本当の作成者の一人であることに気づいておられたような気がする。

君塚さんは豪放磊落に見える。私自身、何回かそういう場面を見た。それでキャリア官僚としての出世の道を踏み外したような感さえある。しかし少なくとも私の知る限りの君塚さんは同時に繊細な配慮をされる人であった。だから、素知らぬふりをして「片桐の意見を聞いてこい」と指示されたのではないかと思う。ファックスをもらった時、このことを思い出した。「こういう時に人の真情が出てくるものかもしれない」。そう思った。

高松から東京に戻ってすぐに、今度は忘れずに、君塚さんに、転勤になったことを電話で伝えた。しかしまもなくして、君塚さんは忽然と亡くなった。君塚さんは亡くなられるまで、私が高松に左遷され、そこで「貧窮」していたと思われていたような気がする。その誤解を解くことはついに叶わなかった。同時に、ゆっくりと酒を交わす時間を楽しみたいとの願いも叶わぬこととなった。[注22]

注22　君塚さんからファックスを受け取った数日後、私は神戸に出張した。その帰り道、淡路サービスエリアで昼食をとった。時間があったので、ショッピングコーナーをぶらぶらする。次の文句を印刷した壁掛け用の板（「癒しのこころ板」という商品名が付けられていた）を見つけた。板を買うことはなかったが、内容が印象に残ったので、写し取ってきた。

この道を行けば／どうなるものか／危ぶむなかれ
危ぶめば道はなし／踏みだせば／その一歩が道となる
迷わずいけよ／行けばわかる

良寛

良寛がこんな箴言を作っていたとは知らなかった。しかし、良寛の作品であるかどうかはあまり問題ではない。「迷わずいけよ／行けばわかる」という言葉には妙に胸に沁みるものがある。

君塚さんからのファックスの「正成書之」には、捲土重来を期せと叱咤激励されているような印象があったが、この「良寛作」には「思った通りにやればそれでいいんだ」とする、肩の力が抜けるような安心感がにじんでいた。正成の詩にある「矯々として龍の若く耽々として虎の如し」というのは全く私には似ても似つかないので、乞食坊主の如き、良寛の薦めに従うことにした（もっとも、正成も最後には「若し時に遇はざれば即ち独り其の身を善くして天命を楽しむ」と言っているから、両者にはどこか通じるものがあるのかもしれない）。

高松を去った後になってから、この「良寛作」のことが気になり、旧知の良寛研究家である山上健に調べてもらった。そしたらこの箴言のような詩は良寛のものではなく、明治の宗教哲学者・清沢満之の孫にあたる清沢哲夫の「道」と題する作品であることがわかった。そして実際の清沢の作品とは、表現も少し違っていた。それがどうして「良寛作」になったのかは不明であるが、山上がそう言ってきたように、清沢哲夫の詩の内容は良寛の精神に通じている。実際、清沢哲夫自身もまた清貧の宗教哲学者であった。どこかで良寛と同質のものを持っていたのかもしれない。このことを教えてくれた山上に感謝したい。

清沢哲夫『無常断章』（京都法藏館、一九六六年）に収められている実際の詩は次のとおりである

（改行は「／」に、行空きは「改行」に改めた）。

此の道を行けば／どうなるものか／危ぶむなかれ
危ぶめば／道はなし
ふみ出せば／その一足が／道となる／その一足が／道である
わからなくても／歩いてゆけ／行けば／わかるよ

「癒しのこころ板」にあった「迷わずいけよ／行けばわかる」は、本当は「わからなくても／歩いてゆけ／行けば／わかるよ」であったが、詩の良さに変わりはない。誰の作品であっても、私には記憶に残る詩である。

遠い昔の部下

『文藝春秋』（二〇〇三年八月号）が発売になってまもなくして、遠い昔に私と一緒に働いていた江戸正人君から手紙を受け取った。手紙とともに『アエラ』（二〇〇三年八月四日号）の抜粋コピーが同封されていた。江戸君の投稿であった。それは次のようなものであった。

日本道路公団から転職して一三年になりますが、在職した一〇年間の駆け出しの時、お世話になった上司が、当時課長代理だった片桐さんです。今回の騒動では、保身に走ることなく「ウソを平気でついている今の道路公団の方針に、私は反対です。反対することが悪いとは思っていません」と断言されたと報じられています。

思い出すのは、建設省（当時）有料道路課の課長補佐に栄転出向される際に戴いたメッセージカードです。そこには、河上肇氏の「自叙伝」から『真理』についての引用が簡潔に記載されていました。あれから二〇年になりますが、当時のまま行動されているのだろうと思うと感慨深いものがあります。

月刊誌の「告発手記」も読みましたが、感情的になることなく抑制のきいた文章での論証は、組織の方針が間違っていると思われる場合に、個人がこれに対してどこまでノーといえるかということを示してくださったような気がします。どこにでもありそうな騒動ですが、なかなかできる行動ではないと思います。

（千葉県市川市　江戸正人・四一歳・会社員）

『アエラ』（二〇〇三年七月二八日号）の「秒読み藤井総裁の『クビ』」という記事に対する投稿とあった。『アエラ』のこの記事は私も読んでいたが、遠い昔の私の部下であった読者がこの記事を読んで投稿するとは思ってもみなかった。

東京にいたリス企画のメンバーからは、「感動モノですよ」といって、この投書のことが伝えられた。遠い昔に短い期間一緒に仕事をしたことがあるだけの人間からこういう激励を受けるということは、それが予想もしていなかったことだけに、たしかに「感動モノ」である。この投稿は嬉しかった。激励だと思った。

しかしそれ以前に、恐縮しなければならなかった。なにしろ、江戸君にそういう抜粋を渡したことも、その抜粋がどういうものであったかも忘れていたのである。それなのに、昔の私を思い出し、「当時のまま行動されているのだろうと思う」と言われると、恐縮する以外にはなかったのである。そして慌てて古いメモをひっくり返し、江戸君に渡した抜粋を探した。以下のような抜粋であった。

早くしないと、味噌汁の実はなくなっていたし、大きな皿に山のように盛られたカステラも空っぽになっていたけれど、有りがたいことには、いくら遅くなって駆けつけても、真理だけは、――誰が先に手を着けようと、少しも損耗されることなしに、――いつまでもその豊かな姿を以って私を待っていてくれた。私は他人《ひと》のように手っ取り早く呑み込むことができず、咀嚼するために随分長い時間を費やしたけれども、真理の醍醐味はそのために少しも損せられず、却ってのろのろしている私の方が、気早な人々より、遥《はるか》によく大牢の滋味に参しえたかに思われる。

（河上肇『自叙伝』岩波文庫、一九七六年、第一巻一五一頁）

書棚から『自叙伝』を取り出し、この個所を確認した。本の裏表紙に古い書き込みがあった。

一九八五年二月二三日に神保町の古書店で買い、同月二六日に出張先の関越トンネル南工事事務所で読み終えたと巻末に記録してある。それから二〇年近い歳月が流れていた。深夜、河上のこの言葉をゆっくりと味わった。高松での暮らしには思ってもみなかった恵みが随分とあったが、江戸君の遠くからの激励を巡る出来事もその一つであった。この文章を確認した日の日記には「もう一度噛み締めたい文章である。これを思い出させてくれた江戸君に感謝したい」とある。

遠い昔に僅かに一緒に仕事をしたことがあるだけの人さえも私のことを心配し、応援してくれているということだけでも有難かった。その上、江戸君は、私がすっかり忘れていた河上肇の戒めを思い出させてくれた。私は高松には読書を楽しむつもりで行った。「真理を追究する」ことは高松では考えていなかった。しかし結果的には、どこまで真理に近づいたかは別として、いくつかの研究までやることになった。それはすべて、周囲の人たちの配慮や後押しの御蔭である。江戸君の投稿もそうであった。

旧知の経済学者

日本の経済学界はかなり閉鎖的な社会である。偶然にも私はその社会とは奇妙な付き合いをすることになった。全く外側の人間でもなく、かといってその内部の人間でもない。学界の内外を分ける高い塀があるとすれば、その塀の上をフラフラと歩いていたようなものである。もっとも高い塀の上にいるせいで、中にいるよりはかえって様子がよくわかったかもしれない。

そういうことになったのは、先にもふれた渡辺教授との出会いであった。渡辺教授の引き回しで色々な研究会に出入りすることになったが、そのためにいつの間にか私は「渡辺教授の弟子」ということになった。渡辺教授の正規のゼミ生だったことはないから、せまい意味では「弟子」とは言い難いのだが、当の渡辺教授自身が、「師匠」にあたる宇野弘蔵のゼミ生ではなかったにもかかわらず、自他共に「宇野弘蔵の弟子」であったから、そのことからすれば、私も「渡辺教授の弟子」ということになってもおかしくはない。

降旗節雄教授は宇野弘蔵の弟子であると同時に（降旗教授は「宇野墨守派」を自称しておられた）、渡辺教授とは非常に親しく、「兄弟分」のようなものであった。したがって、「渡辺教授の弟子」である私から見れば、降旗教授は「おじき」ということになる。なにやら渡世人の世界のような気分であるが、徒弟制度から完全に抜けきっていない日本の経済学界には、渡世人社会と似た雰囲気がなくもない。

残念ながら降旗教授は二〇〇九年の一月に逝去された。その年の夏、教授の思い出をつづった文集を関係者で作ることになった。その文集に私は、「『左遷』の時に頂戴した応援」というタイトルで、高松にいた頃のことを書いた。それを再掲する。

二〇〇三年六月に、私は日本道路公団四国支社に異動になった。ポストは副支社長であった。副支社長級ポストは三年近く前に既に経験済みであったし、六月の異動も異例だった。それで新聞等はこれを、道路公団の民営化の動きを巡って対立していた藤井治芳さん（当時の日本道路公団総裁）が指示した左遷だと騒いだ。

降旗教授は高松まで電話をかけてこられ、「NHKラジオ第一放送の日曜朝五時半からの『新聞を読んで』という番組で君の左遷のことを取り上げる」と話された。教授が『日刊ゲンダイ』等で時事問題に関する発言をされているのは目にしていたが、NHKという準国営放送でラジオ番組を持っておられるとはこの時まで知らなかった。教授は二〇〇三年六月八日に番組の中で次のように語られた。

「どんな組織でも組織が根本的に変革されるためには内部から変革の火の手が上がることを前提とします。この道路公団民営化の口火を切ったのも実は民営化推進委員の猪瀬氏や松田氏ではなく、道路公団内部の片桐幸雄氏を中心とした若手グループでした。……片桐氏は小泉首相直接の指名で民営化推進委員会事務局次長に抜擢され、縦横無尽に活躍します。しかし道路公団民営化に抵抗する公団首脳部にとっては片桐氏は組織への反逆者であり、許し難い裏切り者です。片桐氏が今年一月、事務局から公団に復帰するや、すさまじい報復人事が始まります。……片桐氏は六月一日付けで四国支社副支社長へと転出を命じられます。……『産経』は、これは改革に消極的な藤井治芳総裁による粛清人事だと書いています。……道路公団改革が自己の政治的プロパガンダとして使える時はわざわざ指名して利用し、国土交通省や公団側の抵抗が強いと見るや、今度はその人物が四国に左遷されても知らぬ顔を決め込むという小泉氏の姿勢は、首相の改革への熱意を疑わせるだけでなく、その人間性にさえ疑念を抱かせます」

数日前に赴任したばかりの高松の宿舎で、早朝、目をこすりながら、この放送を聞いた。高松に赴任するにあたっては、粛清人事という言葉からくる悲愴感などかけらもなく、「少し長い有給休暇」程度に考えていた。だから、「片桐氏は組織への反逆者であり、許し難い裏切り者です」と聞いた時は、「教授、ちょっと持ちあげすぎですよ。藤井さんと同じように僕を買いかぶりすぎですよ」と言いたいほどの面映ゆさを感じた。

四国支社に異動になったあと、私は七月上旬に発売された月刊誌『文藝春秋』（二〇〇三年八月号）に藤井さんを批判する一文を載せてもらった。このなかで私は「藤井さんは道路公団の現実の財務内容を捉えた財務諸表を作成させておきながら、この結果が自分にとって不都合であるとわかるや、この財務諸表をなかったことにして、これを隠蔽した」とした。藤井さんはこれを「名誉毀損」だとして、二〇〇三年七月末に私を提訴した。そして八月には私は副支社長を解任された。

こうした事件を受けて、九月七日の「新聞を読んで」のなかで、教授は道路公団の財務内容や私に対する処分のことを取り上げられた。教授は、道路公団や国土交通省のやり口は「内部告発者を圧殺しようとするものだ」とされたあと、次のように結ばれた。

「一番問題なのは、片桐氏が改革の理念を貫いて、左遷、告訴、さらなる処分というすさまじい集中攻撃のなかで孤軍奮闘しているのを傍観しつつ、いまだに沈黙を守っている小泉首相の姿勢です」

これも直接には小泉首相を批判するものであるが、私は「改革の理念を貫いて、……すさまじい集中攻撃のなかで孤軍奮闘している」ということになった。この頃には、教授も私の高松暮らしの実態（有給での読書三昧の生活）をよくご存じだったはずである。それを知っていて私をこのように評価された。前にもまして「持ち上げすぎではないですか」と思った。二回にわたって教授からの応援の「アジ演説」を聞いた気がした。いや、本当は少しは「奮闘」したらどうかという督励だったのかもしれない。実際「奮闘」しなければならなかったのであろうが、根が怠け者のせいか、結局二〇〇四年の六月に高松を引き上げるまで生活は一向に改まらなかった。

私が道路公団の民営化という政治的課題に抜き差しならぬ形で巻き込まれたのは、教授がラジオ放送で言及された、民営化委員会事務局に出向になった二〇〇二年六月のことである。決してこのことを予期したわけではないが、私は出向になる直前に、スラッファの『商品による商品の生産』に関する長いノートを教授に渡してあった。二〇〇三年六月に高松に行ってからしばらくすると教授は、高松まで電話をかけてこられて、このノートをベースに本を書くことを強く勧められた。その年の秋には出版の手配までして下さった。

だが、このノートは当時はまだ穴だらけでとても出版に耐えるものではなかった。幸いにも左遷暮らしで時間だけはたっぷりとあったので、教授の配慮に感謝しつつ、ノートをいじくりまわし、多少穴を塞いだ。そして残された穴には眼をつぶって、二〇〇七年の秋に社会評論社の松田さんの協力を得て、『スラッファの謎を楽しむ』というタイトルで出版した。これだけ遅れたにもかかわらず、教授はひどく喜ばれて、二〇〇八年の夏の「Qの会」では是非これをテキストにしようと言われた。[注23]

かつて拙著『国際通貨問題の課題』を「Qの会」でテキストにしてもらったことがある。この時は教授から猛烈な批判を浴びた。再びまた批判にさらされるのかと思うと少し憂鬱になったし、『商品による商品の生産』という特異な本の「案内書」のようなものが宇野派の専門家の集まりである「Qの会」のテキストとなりうるのかという疑問もあったが、教授の舌鋒鋭い批判を聞くのは楽しみでもあった。しかし、二〇〇八年の夏を前に教授は病に倒れられ、この夏の「Qの会」は流会となった。結果として『スラッファの謎を楽しむ』に対する教授の批判は永遠に聞けなくなった。

一方、藤井さんが「名誉毀損だ」として起こした裁判は、一審、二審で藤井さんの全面敗訴の判決が出された。しかし、藤井さんがそれを不服として、最高裁に上告したために確定が遅れた。今年（二〇〇九年）の三月末、最高裁の「上告棄却」でやっと最終的に藤井さんの敗訴が決まった。だが、その時教授は既に亡くなられていた。そのためにこの決定を教授に報告することができなかった。最高裁の決定が出たらすぐに報告するつもりで用意した、教授の宛名を書いた封筒は、私の机の中で主を失っている。

教授には一九九三年夏の「Qの会」で初めてお目にかかった。私は一度もアカデミズムの世界にいたことはなく、少々戸惑いながら参加した。そういう私を教授は拍子抜けするほど気持ちよく迎えて下さった。私は経済学研究の専門的訓練を受けたことがなく、教授の理論をよく理解していたとも言い難い。むしろ教授とは考え方にかなり差があったと言わなければならない。教授の名著『貨幣の謎を解く』の書評を教授自身から依頼された時にも、かなり辛辣な批判を書いてしまった。それにもかかわらず、教授にはずっと心配りをしていただいた。

その教授が私の高松での左遷暮らしにあたって気にかけてくださった二つのこと（藤井さ

んとの裁判とスラッファに関するノート）は教授の早すぎる逝去によって二つながら宙吊りになってしまった。そして私の気分もまだ宙吊りのままである。

この時文字数の関係で文集には書けなかったこともある。「新聞を読んで」での上述の小泉首相に対する強烈な批判が原因となったのか、降旗教授は長年担当してこられたこの番組を二〇〇四年三月で降ろされたとあとで聞いた。番組から降ろされること自体は、既成の権威とは無関係に生きてこられた教授には痛くもかゆくもないことだったと思うが、直接の弟子でもなければ、考え方が近いとも言えない私のために、そこまでして下さったことには、頭が下がるだけである。

降旗教授の数少ない弟子が世話人になって始めた小さな研究会がある。教授はこの研究会に私を招いてくださった。最初の研究会では、私が報告者となった。この研究会にも高松にいた頃は行かれなくなったが、東京に戻ったあとは、何事もなかったかのように、温かく迎えてもらった。この研究会は、教授が亡くなったあとも細々と続いている。年一〇回ほど開かれるこの研究会に出席するたびに教授のことを思い出す。

注23　「Qの会」は、降旗教授や渡辺教授の師匠であった宇野弘蔵教授が教え子たちと始められた研究

会である。年二回東京近郊の保養地で一泊二日の合宿研究会をするというのが通例であった。参加資格というのは「会員の推薦を受けた専門の経済学研究者」ではなかったかと思う。私以外は全員が大学や高等専門学校の教員であった。泊まりがけという気安さ、ほとんど全員が顔見知りという関係から、いつも議論は遠慮容赦がなく、延々と続いた。私が参加した九〇年代の後半からは、降旗教授の他、渡辺教授と日高晋教授（当時、法政大学）が中心であったが、渡辺教授、日高教授が亡くなり、二〇〇九年二月に降旗教授が亡くなられたあとは、「自然休会」状態になっている。この研究会ほど、激しい議論が交わされる研究会も少ない。その精神の衣鉢を継ぐ研究者が出て、「Ｑの会」が再開されることを期待したい。

付記　東京に戻ってからの左遷暮らし

結局、高松での左遷暮らしは一年と半月で終わったが、左遷暮らしそのものはそれで終わりにはならなかった。東京に戻ってからも左遷暮らしは続いた。そして結果的には道路公団が解散する二〇〇五年九月末までそのままだったから、東京での左遷暮らしの期間は高松でのそれを越えたことになる。

二〇〇四年六月一六日に本社総務部付き調査役という肩書で転勤になった。本社総務部付き調査役というのは、私が四国に左遷される前の肩書と同じである。しかし、その時の五ヶ月間、私には全く仕事らしい仕事がなかった。それで異動の内示があった翌日、本社の人事担当部局に電話して、「自分は本社で何をするんだ」と訊ねた。そうしたら、まだ私の仕事をどうするかは何も考えていないというし、どこに座るかもこれからの検討だという。

そんな状況でどうして異動を急いだのか、訳がわからない。普通は仕事があって、そこに特定の人間を充てるというのが人事異動であろうが、この異動はそういうものではなかった。何も考えずにとにかく本社に戻すという。そうであれば、一年半前と同じように、また何も仕事がない可能性が出てくる。近藤総裁は新聞記者に「本社の中枢に戻す」と言ったそうだが、どういう仕事をするのかわからない「本社の中枢」とは聞いて呆れる。

かれこれしているうちに、どんどん時間がたつ。大した量ではないが、仕事場となる先に荷物を送る必要があるのだが、「どこに座るかもこれからの検討だ」というのでは、送り先も判然としない。どうしたものかと思案していたら、本社から「荷物は広報・サービス室宛に送られたい」と言ってきた。広報・サービス室もたしかに総務部の一組織であるから、おかしくはない。「へぇ、私に広報を担当させようというのか」。そう思って、同室にいた昔の知り合いに電話した。そうしたら、「席は広報・サービス室の一角に用意したが、片桐さんの仕事のことは何も聞いていない。総裁か総務部長に聞くしかありません」という。

座る場所はこれで決まったが、仕事は依然としてわからない。総裁からも総務部長からも何も言ってこない。しかし、こっちから聞くような話でもない。ついに一六日の辞令交付まで本社での仕事については誰も何も言ってこなかった。東京にいるリス企画のメンバーからは、「片桐さんの仕事はない。長い夏休みだと思って、当分はのんびりとしたほうがいい」という「忠告」がきた。高松で一年間もの長期有給休暇を楽しんだあとに、さらにまた「長い夏休み」かと思ったが、「何も仕事がないのなら、それもまた良いのかもしれない」と思うことにした。

六月一六日に辞令をもらった。広報・サービス室の一角にパーティションで区切った四畳半ほどのスペースが用意されていた。しっかりと区切ってあるから、広報・サービス室の他のメンバーがやっていることはほとんどわからない。しかし、逆に向こうからも私が何をやっているかわからない。当然のことながら、部下は一人もいない。区切りかたは高松の時よりもしっかりしていたが、それ以外はあまり変わらない。

翌日に組織上の上司となる総務部長がやってきて、彼からようやく仕事を命じられた。「民営化に向けて必要な調査・研究」をやれと言う。とってつけたような仕事である。これが、民営化に向けて必須の仕事とはとても思えない。その上、総務部長は、「一月に一回レポートを出してくれ」と付け加えた。この時間がさしてかかりそうもない調査・研究のレポートを一月に一回提出すればあとはもういいということになる。このレポートの作成が総務部長にとっても、その上の人間たちにとっても、どうでもいい仕事であったことは、翌月から律義に提出したレポートに対して、ただの一度も反応がなかったことからも明らかである。かくしてここでも、給料はやるから仕事はするなということになった。

高松にいた頃に得た情報から、東京でも仕事はなさそうだと思っていたから、ここまではそう驚きはしなかった。驚いたのは、「この調査・研究を行うにあたっては、道路公団内の人間と接触することは差し控えてくれ」と言われたことである。高松の時でさえ、実態はともあれ、面と向かって「道路公団内の人間と接触することは差し控えてくれ」と言われたことはなかった。総務部長は言い訳でもするかのように、私を本社に戻すことについては、技術屋からも事務屋からも強い反発があったことを告げた。リス企画のメンバーからも、私の本社への異動には事務系の中にも、「納得できない」と言う人がいるということが高松にも伝えられて来ていたし、辞令が交付されたあとでさえ、本社の部長会で技術系の部長からは私の異動に対する強い批判が繰り広げられたという。孤立の度合いは、物理的な「間仕切り」だけでなく、様々な意味で高松時代よりも強くなったような気がした。

そのことをあからさまに示すようないろいろな事件があった。たいして面白くもない事件なので省略するが、簡単に言えば、本社は藤井さんがいなくなっただけで、あとは何も変わっていなかったということである。[注24] そういうなかで、仕事はするな、職員とは接触するな、と言われても、困ったことはほとんどない。「お前の仕掛けた道路公団改革は失敗した。それを自覚しろ。仕事をさせないのは、その責任をとらせるためだ」と言われているような思いをしたが、これもまた、私という人間を過大評価したためではないか。

注24　藤井さんの取り巻きも誰一人として辞めていなかった。藤井さんにひたすら擦り寄って、「茶坊主」と呼ばれていた幹部がいたが、彼もその地位を保ったままだった。近藤総裁が弱腰だったせいも

あるかもしれないが、「茶坊主」はそれなりに処世術をもって生き永らえたのかもしれない。

彼とは別の幹部のことだが、ある夕刻、この男が酒に酔って次のように喚いていたことを思い出す。

「お前らは、俺のことをゴマすり人間と思っているんだろう。その通りだ。そのどこが悪い。この組織はゴマをすれる人間だけが出世するんだ。悔しかったら、俺のように、上司にひたすらゴマをすってみろ。それができなかったら、俺をゴマすり人間などと悪口を言うな」

私は呆れる一方で、妙に感心してそれを聞いていた。藤井さんの取り巻きだった「茶坊主」もこれと同じことを考えていたのだろうか。


こうしたことにはちっとも堪えなかったが、一つだけ困ったことがあった。どんな組織にも親睦会かそれに類する組織はある。道路公団でも本社、支社、事務所の至る所でそういうものがあった。別にたいしたことをするわけではない。皆で飲むお茶を買ったり、異動の際の歓送迎会をやったりする程度のものである。私は、高松でも総務課の親睦会に加入し、様々な行事に参加していた。ところが本社では、おそらくどこかから指示が出たのであろうが、総務部の総括課である総務課の親睦会にも、私の席がその片隅にある広報・サービス室の親睦会にも参加しないということになった。総務部長は「この調査・研究を行うにあたっては、道路公団内の人間と接触することは差し控えてくれ」と言っていたが、「道路公団内の人間と接触することとは差し控えてくれ」というのは、仕事だけではなく、すべての面においてだったわけである。

こうなると広報・サービス室の懇親会費で費用を調達しているお茶を飲むのも気が引ける。といって、日中全くお茶を飲まないというわけにもいかないので、お茶代として月に五〇〇円だけ払うことにした。親睦会にさえ参加しないということは長い勤務で初めてのことであった。道路公団の上層部は、他の職員と接触させないためにそうしたのか、それとも私の孤立感を深めるためにそうしたのであろうか。前者だとしたら、過剰反応だし、後者だとしたら、方法を間違えた。

本社でも暇なので勤務時間中に本を読んだ。当時出版されたばかりの古山高麗雄『二十三の戦争短編小説』（文春文庫、二〇〇四年）もその一冊である。「日常」という短編が収められていた。そのなかに、次のような文章があった。

この七坪半の、バストイレ付、電話付、外出自由の独房で、私が思うことは何か。

仕事か否かを問わず、道路公団内の人間と接触することを差し控えることになった時、思わずこの「外出自由の独房」という言葉が頭に浮かんだ。私の「独房」は四畳半（二坪と四分の一）で、電話こそあれ、バスもトイレもなかったが、周囲の人間と隔てられ、彼らとの接触を禁じられている点では、やはり「独房」であった。

古山氏が「独房」という言葉にマイナスのイメージを与えられていたとしたら、私は古山氏よりは楽天家であったのではないかと思う。「独房」であるのは、勤務時間、それも席にいる時だけのことなのである。勤務時間が終われば、さっさと「独房」を出ればいい。なにしろ「外出自由」である。いや、「外出自由」である以上、勤務時間が終わることを待つまでもない。「独房」以外のどこかで、人と会うなり、のんびりと過ごすなり、自由に暮らせばいい。どうせ、大した仕事はない。いや仕事をやることを期待されていないのだから。

高松にいた頃から、近藤総裁の下では真の民営化は無理だと思っていた。その近藤総裁を追放する手立てが見つからず、一方で藤井さんがいなくなったあとも、改革に後ろ向きな幹部が道路公団を支配している状態を目の当たりにすると、その思いは余計強まった。

ずっと以前に、初めて民営化の研究を手がけた頃、一緒に作業をしていた若い職員たちに向かって、「俺はことが済んだら、春の淡雪のように消えてゆこうと思う」と言って、顰蹙を買ったことがある。「ことが済んだ」と簡単に言えないし、それにもう初夏で、淡雪には似つかわしくないが、近藤総裁を追いだせない以上、「ここいら辺が消えどき」かもしれない。しかし、そう考えれば、「外出自由の独房」は好都合である。本物の独房と違って、「接触を断つ」ためからか、房の外からの監視まで止めてしまっている。そうであれば、「独房」の中で何をやっても勝手である。そして「外出自由」であるから、「独房」がいやになれば、どこかに行けばいいのである。ここでも「接触を断つ」としてくれた御蔭で、どこへ行こうとお咎めなし、である。この点では、高松以上に楽であった。

私は東京でも半ば強制的に、のんびりと過ごすことになった。私に対する批判があると言われたが、面と向かって私を批判しに来た職員は、リス企画のメンバー以外には一人もいなかった。誰かやってくれれば、その人間との議論の中で新しい関係や動きも生じるかもしれないと期待したのだが、近藤総裁と守旧派の幹部が支配していた道路公団にはそれを期待することは無理だった。あるいは私の振る舞いから、私の「顔を見るだけで腹が立つ」ということだったのかも知れない。いずれにせよ、「道路公団内の人間と接触すること」は、私のほうで控えるまでもなく、全くなくなってしまった。「部下も仕事もない」のんびりとした生活には高松ですっかり慣れている。職員との接触を控えるというのはその延長線にある。高松での日々は実にいい準備になった。

道路公団は二〇〇五年一〇月に廃止になり、事業は株式会社に引き継がれた。私が本社に異動になった二〇〇四年六月から一六ヶ月後のことである。この間、民営化に向けて国交省や道路公団本社でどういう準備が進められたのか私には全くわからない。私は、高松から持ち越した本や資料そしてメモの整理をしながら、左遷暮らしの最後の日々を楽しんだ。

もちろんこういう「外出自由の独房」での生活では、外的な規制も、他の人間との接触もほとんどなかったから、時間の管理と日々の課題の設定、あるいは目標管理は、相当細かくチェックする必要がある。しかしそれさえできれば、組織にありがちな人間関係に煩わされることはなくなるし、「他人のための仕事」を強要されることもなくなる。先に、高松時代の暮らしは、仕事や時間に拘束されないという意味で実に優雅な暮らしであったとしたが、同じことが東京に戻ってからの左遷暮らしにも言えた。

終わりに

高松（四国支社）から東京（本社）に異動の内示が出た後、支社のある幹部が私に次のような言葉を投げつけた。

「いいよな。一年間仕事もせずに給料をもらって、それで何の処分も受けずに本社復帰か。俺もそうしてみたいよ」

この言葉を聞いた瞬間には思わずムッとして、「そうしてみたいなら、お前さんもやってみたらどうだ」と言ってやりたい気分になったが、今考えると、彼の気持ちは実によくわかる。高松では（そして東京でも）結果的には、仕事をしないことを条件のようにして給料をもらい、ゆっくりと休んだだけだったのだ。羨ましがられるのが当然なのである。こういうことは、誰にでも勧められるものではない一方、誰もが味わえるものでもない。左遷はそれをうまく利用すれば、決して単なる雌伏の時になるわけではない。だから今では、この幹部にもう一度会うことがあったら、「うん、本当にいいよ。お前さんもやってみたらよかったのに」と穏やかに言ってやりたいと思う。

国鉄の民営化を主導した葛西敬之さんは、「能力のある人間なら、(左遷されても)つぶれることはない。誰でも交代できる程度の人間なら、いてもいなくてもよいのだから」と判断して能力ある若手を国鉄民営化の動きに巻き込んでいった、と言われる。左遷はだから自分の能力の有無をたしかめるいい機会であるとさえ言える。私の場合は、自分の能力を見極める以前に、左遷暮らしを楽しんでしまったが、少なくとも気分が「つぶれる」ことはなかった。それはおそらく、左遷のなかで自分がどういう人間であるかをある程度確認できたからであろう。それができたことは、有り余る時間を利用できたこと、四国の穏やかでのんびりとした風土に親しんだこと、などと共に、左遷の大きな効用であった。

若い頃、自分の怠け癖を棚に上げて、「浪人と留年は人生を豊かにする」とうそぶいたことがあるが、高松での左遷暮らしは——そして、その後の東京での左遷暮らしも——間違いなく、私の人生を豊かなものにしてくれた。その機会を与えてくれた当時の総裁、藤井さんや近藤氏を含め、多くの人々に改めて感謝したい。

最後に、左遷によって生じる閑暇の効用についての先人の言葉を紹介しておきたい。

世に閑暇ほど楽しめるものはない。閑暇といっても、ただ何もしないでいる意味ではない。閑暇は人に書を読ませ、名所古蹟に旅をさせ、よき友を結び、酒を飲ませ、書物を書かせる。世にこれほどの喜びがあろうか。

（林語堂『人生をいかに生きるか』講談社学術文庫、一九七九年、下巻、一九二頁）

あとがき

当初、この本の副題として『高松飛ばされ日記』を考えていた。実は理由がある。高松に行った直後から、高松での様子などを知らせることを目的に、東京にいるリス企画のメンバーに向けて「遠くからの便り」と題する短文をEメールを利用して不定期に送っていた。次に掲げるものは、高松を去る直前の「遠くからの便り」である。

・

明日（六月一五日）、高松を引き揚げる予定にしているので、「遠くからの便り」は残すところ、今日の分を含めて、あと二便だけとなった。何とか定期便化できたのは一ヶ月間という短い間であったが、それでもいざ閉じる（終わる）となると、いささか感慨深いものがある。書籍と衣類以外の寝具・家具・雑貨類は、高松で知り合った「お嬢さん」が引き取ってくれるという話が以前からあった。……昨日の朝、「お嬢さん」に車で来てもらい、カミさんと二人で手伝って、「お嬢さん」のアパートに運び込んだ。台所の細々した物から冷蔵庫の中身まで一切合財引き取ってもらった。

……

部屋はがらんどうになったが、思い出は残った。たまたま昨日の朝、あるジャーナリストから、珍しく用件のない電話をもらった。「高松の一年間はどんな一年間だったか」と問われた。「仙台に次いで二度目の地方勤務だったが、仙台と同様、良い思い出を作ることができた。いつかその思い出を綴った『高松飛ばされ日記』でも書いてみようかと思うほどだ」と答えた。昨日の便で提唱した『リス企画前史及び始末記』は全員でその作成を考えて欲しいが、もし、それをやるということになれば、『高松飛ばされ日記（あるいはリス企画高松出張所日誌）』はその付録の私史として、作ってみたい。

こういう「遠くからの便り」を書いていたことを、最近まで忘れていた。『リス企画前史及び始末記』は残念ながら完成しなかったし、左遷暮らしにかかるメモもかなり以前に簡単な整理だけは終えていたものの、それを終えた時点で、「これは私的メモに過ぎない」と思い、公表はしないことにした（もともとが「付録」だと考えていたものである。本体が完成しなかった以上、「付録」がお蔵入りになるのは、当然かもしれない）。そして『高松飛ばされ日記』のこともいつしか忘れた。

ところが最近になって、古い知人が「飼い殺し」状態になったと伝えてきた。そして、私が左遷になった後、どんなふうに過ごしたのか、教えて欲しいと頼まれた。私の場合は決して左遷に「耐えた」わけではなく、むしろ「楽しんだ」のであるが、それでも私がどんなふうに過ごしたのかは、現実に左遷暮らしを「耐えている」人たちや、左遷の恐怖にさらされている方々には、ひょっとしたら参考になるかも知れない。そう思い直した。それで、もう一度古い日記を読み直し、かつて簡単に整理した高松時代の思い出に、東京に戻って来てからの「飼い殺し」的生活のことをつけ加えて、まとめてみることにした。

上に引いた「遠くからの便り」はその過程で古い日記から出てきた。そのなかにあった『高松飛ばされ日記』という題名がひどく懐かしく、新鮮でさえあった。それで埃に埋もれていたようなこの題名を副題に使うことを考えた。様々な理由から最終的にはこの題名は使わないことになったが、私の気分のなかでは、この本はやはり『高松飛ばされ日記』である。死蔵されたままになっていておかしくなかった『高松飛ばされ日記』が（タイトルこそ違うものの）こういう形でよみがえったことについて、この知人に感謝したい。

また、この知人と同様に、あるいはそれ以上に社会評論社の松田健二さんにも感謝したい。同社から出版してもらった私のすべての作品がそうであるように、この本も、松田さんの特段の配慮がなければ世に出ることはなかったと思う。ともかく、私はこれによって、本文の注3で触れた「オーラル・ヒストリー　片桐幸雄」と併せて、私のこれまでの「仕事」に関してあらかた語ることになった。これは本当に幸運なことだと思う。

なお、関係者の肩書、地名や店名、価格等はすべて高松で暮らしていた当時のものである。肩書は変わっているであろうし、市町村合併で消えた地名や、様々な事情で閉店した店もあるかもしれない。価格は多分変更になっているはずである。随分と遅れた報告であることに免じてご容赦願いたい。

[著者紹介]

片桐幸雄（かたぎり・さちお）

1948年　新潟県に生まれる
1973年　横浜国立大学卒業、日本道路公団入社
道路公団総務部次長、内閣府参事官（道路関係四公団民営化推進委員会事務局次長）、道路公団四国支社副支社長等を経て、2008年定年退職
2004年　「藤井総裁の嘘と専横を暴く」（『文藝春秋』2003年8月号）で文藝春秋読者賞を受賞

主たる論文と著書

〈論文〉

「1931年のクレジット・アンシュタルト（オーストリア）の危機と東欧農業恐慌の関連性について」（『研究年報　経済学』（東北大学経済学会、第52巻第2号、1990年）

〈著書〉

『国際通貨問題の課題』批評社、1996年
『スラッファの謎を楽しむ』社会評論社、2007年
『なぜ税金で銀行を救うのか――庶民のための金融・財政入門』社会評論社、2012年

左遷を楽しむ――日本道路公団四国支社の一年

2015年4月15日　初版第1刷発行

著　者――片桐幸雄
装　幀――中野多恵子
発行人――松田健二
発行所――株式会社社会評論社
東京都文京区本郷2-3-10
電話：03-3814-3861　Fax：03-3818-2808
http://www.shahyo.com
組　版――ACT･AIN
印刷・製本――株式会社ミツワ